El presente libro es una versión facsimilar de la edición original de El Colegio de México, que ha sido rescatada mediante un trabajo profesional de escaneo para mantener la obra en circulación.

# BIBLIOGRAFÍA SOBRE EL ANÁLISIS ECONÓMICO DEL CAMBIO TÉCNICO

PROGRAMA SOBRE CIENCIA, TECNOLOGÍA Y DESARROLLO

# BIBLIOGRAFÍA SOBRE EL ANÁLISIS ECONÓMICO DEL CAMBIO TÉCNICO

ALEJANDRO NADAL EGEA

CARLOS SALAS PÁEZ

EL COLEGIO DE MÉXICO

**Primera edición, 1988**

**D.R. ©El Colegio de México**
**Camino al Ajusco 20**
**Pedregal de Santa Teresa**
**10740 México, D.F.**

ISBN 968-12-0384-4 (versión original)
978-968-120-384-9 (versión facsimilar)

**Impreso en México / *Printed in Mexico***

El Programa sobre Ciencia, Tecnología y Desarrollo (PROCIENTEC) de El Colegio de México realiza investigaciones sobre el cambio tecnológico y el desarrollo científico desde la perspectiva de las ciencias sociales. El PROCIENTEC cuenta con una Unidad de Documentación para apoyar la realización de sus proyectos y prestar servicios a la comunidad académica en general. La elaboración de esta bibliografía se llevó a cabo con el apoyo financiero del International Development Research Centre (IDRC) de Canadá.

# ÍNDICE

# INTRODUCCIÓN

Desde hace varios años existe en América Latina la necesidad de elaborar una bibliografía que permita identificar, clasificar y recuperar los principales trabajos que abordan el tema del cambio tecnológico en la industria desde la perspectiva del análisis económico. Esta laguna en los estudios bibliográficos persistió a pesar de que a fines de los años sesenta, el tema del cambio técnico ya era considerado un tema prioritario para cualquier análisis sobre la realidad latinoamericana.

El interés por este tema es muy viejo en la región. Desde los años cincuenta, los trabajos de la Comisión Económica para la América Latina (CEPAL) representaron un esfuerzo analítico importante respecto del tema de las causas y los efectos del cambio técnico.[1] A mediados de los sesenta, los problemas de balanza de pagos en algunos países de la región llamaron la atención sobre la magnitud de las transferencias al exterior por el uso de licencias de tecnología patentada y no patentada, así como por la explotación de marcas y nombres comerciales. Este hecho condujo a estudiar el vínculo entre los contratos llamados de "transferencia de tecnología" y las operaciones de las empresas transnacionales; el objeto era diseñar instrumentos de política capaces de eliminar las prácticas restrictivas que los proveedores de tecnología introducían de manera sistemática en estos acuerdos.[2] Además, en varios países latinoamericanos se buscó poner en marcha una política de mayor alcance en materia de fomento y orientación del desarrollo científico y tecnológico. Estos esfuerzos estuvieron relacionados con proyectos de investigación de muy diversa índole.[3]

[1] En particular, véase la serie de trabajos publicados por Aníbal Pinto.

[2] Entre otras aportaciones, los trabajos de Constantino Vaitsos marcaron profundamente las líneas de investigación sobre este importante tema.

[3] Uno de los proyectos más importantes fue el de "Instrumentos de Política Científica y Tecnológica" que se llevó a cabo con la participación de equipos de investigación en

En paralelo con algunas de estas investigaciones, se prepararon bibliografías sobre los temas de la transferencia de tecnología, las prácticas comerciales restrictivas asociadas a los contratos de licencia, el papel de la tecnología en las operaciones de las empresas transnacionales, la política sobre desarrollo científico y tecnológico y, por último, sobre las llamadas "tecnologías apropiadas". Las preocupaciones normativas fueron dominantes y esto hizo que se relegara a un segundo plano la necesidad de abordar el tema del cambio técnico de acuerdo con una perspectiva más analítica.

En retrospectiva, este hecho es sorprendente porque, durante los mismos años, en los centros académicos del mundo industrializado se estaba llevando a cabo un importante debate teórico alrededor de los principales conceptos para el análisis económico del cambio técnico. En particular, el concepto de capital de la teoría neoclásica estuvo sometido a una crítica demoledora. Este debate constituyó una de las polémicas teóricas más serias en el periodo 1960-1975 y afectó de manera crucial las nociones de función de producción, factores de producción y selección de técnicas. Sin embargo, en la región latinoamericana, las consideraciones teóricas fueron relegadas casi sistemáticamente y se puede afirmar que no formaron parte de un programa de investigación sobre el tema del cambio técnico. En consecuencia, las bibliografías elaboradas en esa época generalmente hacen abstracción de la abundante literatura que enfoca el estudio económico del cambio técnico desde una perspectiva analítica.

La bibliografía que a continuación se presenta tiene por objeto subsanar, aunque sea en parte, esta laguna. Aunque se limita al ámbito de la economía industrial, se incluyen algunas referencias a trabajos sobre difusión de innovaciones en la agricultura y posición de la producción agrícola en el cambio estructural.[4] También se incluyen algunos títulos relacionados con la teoría del comercio internacional y el análisis del proceso de trabajo. La bibliografía reúne aquellos trabajos en los cuales se encuentra privilegiada la vertiente analítica, dejando de lado aquellas aportaciones en las que el componente normativo es dominante. Es importante aclarar que lo anterior no significa que se haya ignorado por completo el conjunto de investigaciones aplicadas sobre este tema. Por el contrario, una parte substancial de los trabajos aquí incorporados son trabajos que abordan la realidad económica,

---

Argentina, Brasil, Colombia, México, Perú y Venezuela entre 1973 y 1976. Las contribuciones de Francisco Sagasti, del Perú, Máximo Halty Carrère, de Uruguay y Jorge Sábato, de Argentina, tuvieron un efecto notable sobre esta vertiente de trabajo.

[4] Por la importancia de este tema, consideramos el proyecto de elaborar en un futuro cercano una bibliografía similar sobre el cambio técnico en la agricultura.

nacional o internacional, desde una perspectiva sectorial o macroeconómica, al mismo tiempo que explicitan y utilizan un marco analítico preciso.

La bibliografía está organizada alrededor de tres ejes fundamentales de investigación. El primero está vinculado con los problemas de organización industrial y con la actividad inventiva; al segundo concierne el tema de la selección de técnicas y los precios relativos de los factores de producción; el tercero se concentra en las relaciones entre cambio técnico y cambio económico o estructural. Cada uno de estos ejes constituye un capítulo de la bibliografía y cada capítulo está precedido por un breve ensayo sobre las raíces teóricas y los elementos que rigieron su evolución y orientan, en la actualidad, su desarrollo. Los ensayos que presentamos tienen por objeto explicitar los criterios que permitieron llevar a cabo la selección de textos y definir su agrupación alrededor de estos capítulos. Asimismo ofrecemos un breve panorama del desarrollo de algunos de los temas más importantes en cada uno de los apartados en que dividimos la bibliografía. Esto explica la presencia de numerosas referencias al final de cada uno de los ensayos. Aunque no pretendemos evaluar estos ejes en tanto "programas de investigación", sí aportamos algunos juicios sobre las perspectivas que ofrecen algunos de los enfoques más recientes.

En la actualidad se reconoce que el cambio técnico constituye un fenómeno inherente al crecimiento y desarrollo de las economías capitalistas. Por lo tanto, cualquier escuela del pensamiento económico debería ser capaz de proporcionar un análisis sólido y convincente de las fuerzas económicas que impulsan y dan forma a los procesos relacionados con las mutaciones en el campo de la técnica. Esta necesidad resalta aún más al tomar en cuenta que los cambios en la técnica de producción necesariamente se traducen en transformaciones estructurales de la formación social. Ahora bien, en la actualidad, la teoría económica no cuenta con un análisis riguroso y general sobre las causas determinantes del cambio técnico, de su orientación y dinamismo. Tampoco existe una teoría acabada sobre los efectos de la innovación, tanto a nivel de cada rama de la producción (i.e., el tema de la difusión y la determinación de la estructura de cada rama) como a nivel de la ocupación, distribución del ingreso, crecimiento y transformaciones estructurales de la formación socioeconómica. Es cierto que se han llevado a cabo esfuerzos de investigación muy importantes y se han aportado elementos de análisis muy interesantes sobre el tema del cambio técnico. Sin embargo, queda mucho por hacer para poder elaborar un cuerpo de enunciados teóricos que explique, de manera satisfactoria, las implicaciones económicas del proceso de cambio técnico. Esperamos que este trabajo estimule el interés de los estudiosos de la economía sobre este importante y todavía inexplorado terreno.

Esta bibliografía fue elaborada entre marzo de 1986 y octubre de 1987. Se consultaron las principales bibliotecas de la Ciudad de México en las que se identificaron los libros y documentos *posteriores* a 1945.[5] Además, se realizó un análisis hemerográfico que cubrió retrospectivamente los últimos once años. Dicho análisis permitió identificar los artículos pertinentes en treinta y una revistas especializadas para el periodo 1975-1986. Al final de esta introducción se presenta la lista de bibliotecas, así como de revistas consultadas.

Elaborar una bibliografía es una labor compleja, y si bien los autores compartieron las múltiples tareas que exige la preparación de un trabajo de esta índole, también fue necesaria cierta división del trabajo. Alejandro Nadal se concentró en la redacción de los ensayos de presentación para cada capítulo y Carlos Salas se abocó a la elaboración de la base de datos sobre libros y publicaciones periódicas. Los autores de este trabajo desean agradecer la colaboración de María Guadalupe Quijada, Lourdes Navia, Betsabé Miramontes y Andrés Zamudio. Sin su apoyo la realización de este trabajo no hubiera sido posible. El trabajo de transferencia de archivos entre máquinas "incompatibles" (resultado tangible del efecto de la competencia intercapitalista sobre las modalidades del cambio técnico) se llevó a cabo gracias a la colaboración desinteresada del ingeniero Álvaro Arroyo. Por último deseamos agradecer al profesor Carlo Benetti su cuidadosa lectura de los ensayos que acompañan la bibliografía.

[5] Una biblioteca importante que no fue posible visitar es la de Nacional Financiera que permaneció cerrada como consecuencia de los sismos de septiembre 1985.

# BIBLIOTECAS DE LA CIUDAD DE MÉXICO QUE FUERON CONSULTADAS

1 Biblioteca del Banco de México
2 Biblioteca Benjamín Franklin
3 Biblioteca del Centro de Investigación y Docencia Económicas
4 Biblioteca "Daniel Cosío Villegas" de El Colegio de México
5 Biblioteca del Consejo Nacional de Ciencia y Tecnología
6 Biblioteca del Instituto de Investigaciones Económicas de la Universidad Nacional Autónoma de México
7 Biblioteca Nacional
8 Biblioteca de la Organización Internacional del Trabajo
9 Biblioteca de la Organización de las Naciones Unidas
10 Unidad de Documentación e Información del Programa sobre Ciencia, Tecnología y Desarrollo (PROCIENTEC) de El Colegio de México

*Nota*: En los listados de libros y documentos aparece entre corchetes el número correspondiente a la(s) biblioteca(s) en la que se encuentra localizada cada obra.

## LISTA DE REVISTAS CONSULTADAS

1 *American Economic Review*
2 *Bell Journal of Economics*
3 *Cambridge Journal of Economics*
4 *Comercio Exterior*
5 *Demografía y Economía*
6 *Econometrica*
7 *Economica*
8 *The Economic Journal*
9 *Futures* (*)
10 *International Economic Review*
11 *International Journal of Industrial Organization* (*)
12 *Investigación Económica*
13 *Journal of Economic Literature*
14 *The Journal of Industrial Economics*
15 *The Journal of International Economics*
16 *The Journal of Political Economy*
17 *Kyklos*
18 *Monthly Review*
19 *Oxford Economic Papers*
20 *The Quarterly Journal of Economics*
21 *Quarterly Review of Economics and Business*
22 *The Rand Journal of Economics* (*)
23 *Research Policy* (*)
24 *The Review of Economics and Statistics*
25 *The Review of Economic Studies*
26 *Review of Radical Political Economics*
27 *Revista Internacional del Trabajo*
28 *Science and Society*
29 *Technological Forecasting and Social Change* (*)
30 *El Trimestre Económico*
31 *World Development*

*Nota:* Las revistas marcadas con un asterisco se encuentran en la hemeroteca de la Unidad de Documentación del PROCIENTEC. Las demás revistas se encuentran en la Biblioteca "Daniel Cosío Villegas" de El Colegio de México.

# CAPÍTULO 1

# ORGANIZACIÓN INDUSTRIAL, ACTIVIDAD INVENTIVA E INNOVACIÓN

Este capítulo está integrado por los trabajos que analizan las causas y los efectos del cambio técnico, tomando como marco de referencia el comportamiento de empresas productoras en el ámbito de la estructura de una rama de la actividad industrial. El punto de partida de estos trabajos es el análisis de las decisiones económicas de agentes individuales y su interacción con los demás agentes en la rama o sector. Tradicionalmente, el marco de referencia de este enfoque ha sido el del equilibrio parcial, considerado como el espacio natural para el análisis de las interacciones entre las decisiones económicas de agentes individuales.[1] El enfoque evoluciona desde un primer acercamiento en el modelo de Cournot, en el que cada empresa considera a las acciones de las demás como un dato, hasta estudios como el de Stackelberg sobre las formas del mercado, en el que se introduce el supuesto de que una de las empresas toma en consideración, para sus decisiones, las *reacciones* de las demás empresas. La característica más importante de esta línea de investigación es que la estructura de la rama constituye un dato del análisis y permanece inexplicada. En la actualidad, el enfoque sobre organización industrial ha comenzado a ser redefinido, de tal manera que la estructura de la rama, así como las reglas del comportamiento de los agentes individuales, constituyen variables endógenas del modelo.

En el marco analítico de la organización industrial, uno de los elementos más importantes es el de las interdependencias en las reacciones de las empresas. Este tipo de interdependencias siempre ha representado un problema de difícil tratamiento, lo cual ha repercutido negativamente en el desarrollo de la teoría del oligopolio. Algunas de las contribuciones más importantes se conocen bajo el nombre de "análisis de las variaciones por conjeturas" (las acciones de un agente dependen de sus conjeturas acerca de las conjeturas de otros agentes) y con frecuencia desembocan en esquemas aptos para recibir un tratamiento a través de la teoría de juegos.

[1] La terminología misma ha sufrido una evolución. Marshall (1920) se refiere a la "organización industrial" en el Libro IV de sus *Principios*. Bajo este rubro Marshall incluye diversos aspectos de la división del trabajo, la introducción de maquinaria, la ubicación espacial de diversas industrias y la administración de las empresas. En la monumental obra de Clapham (1938), la noción de "organización industrial" es utilizada para referirse a cómo las instituciones financieras, los esquemas que rigen las relaciones laborales y los sistemas de transporte están articulados con la red de interdependencias industriales.

Se puede ubicar los orígenes del enfoque de organización industrial en las primeras críticas al imponente edificio que representó la teoría de Marshall. Desde luego, un antecedente importante es la crítica de Clapham (1922) a las nociones de rendimientos crecientes, constantes y decrecientes, considerándolas como "cajas económicas vacías" que no son susceptibles de ser llenadas (en el sentido de que no se puede saber qué clase de industrias entran en cada categoría). Además, para Clapham, aunque fuera posible clasificar a las industrias en cada una de estas categorías, una infinidad de circunstancias, que por su importancia merecen ser tomadas en consideración, impediría utilizar estas nociones en el análisis de la determinación de precios. En otros términos, aun cuando se pudiera clasificar a las industrias en estas categorías, dicha clasificación sería de poca utilidad.

La respuesta de Pigou (1922) a esta crítica es testimonio de la confianza que toda una generación de economistas tuvo en la obra de Marshall.[2] Pigou reconoció que "estas cajas, como (Clapham) las llama, no son simples cajas; también son los elementos de la maquinaria intelectual a través de la cual funciona la parte más importante del pensamiento económico" y, como tales, "(son) una parte orgánica e inseparable" de la teoría económica. Pigou admitió la existencia de problemas conceptuales para determinar la tasa de rendimientos de una industria y señaló que esas dificultades eran conocidas por toda una generación de economistas (desde la primera edición de los *Principios* de Marshall), añadiendo que "no son nada nuevo". Por último, la respuesta de Pigou a Clapham indicaba que un material estadístico más completo permitiría llenar esas categorías con ejemplos de industrias específicas para cada caso.

De naturaleza distinta fue la crítica a la obra de Marshall dirigida por Sraffa (1925 y 1926), quien expresó de manera más acabada la insatisfacción con la "teoría simétrica" del valor de Marshall. El punto de partida de Sraffa fue la siguiente consideración: si los costos de producción no se modificaran al variar la cantidad producida, se rompería la simetría (entre las fuerzas de oferta y demanda) ya que el precio estaría determinado por los costos de producción y la demanda no ejercería ninguna influencia. De ahí que, preocupado por mantener la unidad de la teoría económica, Marshall necesite definir una curva de costos

[2] Pigou reconoce algunas de las dificultades mencionadas por Clapham, pero sugiere que el remedio es entrenar más economistas "del calibre de Jevons", igualmente versados en las técnicas estadísticas más sofisticadas y en el análisis económico más fino. Mientras este remedio no sea alcanzado, Pigou aconsejaba: "(...) para aquellas personas menores moderadamente calificadas para llevar a cabo una u otra tarea, lo mejor es trabajar en equipo, sin perder tiempo en controversias (...) sobre las deficiencias de nuestros métodos" (1922:465). (Nuestra traducción.)

en forma de U.[3] A partir de estas consideraciones, la serie de problemas identificada por Sraffa ya no se relaciona con la insuficiencia del material estadístico, sino con los fundamentos conceptuales de las hipótesis sobre la forma de las curvas de rendimientos.

Una de las principales conclusiones de Sraffa (1925) fue que la posibilidad de clasificar a una industria en alguna de estas categorías no dependía de un criterio objetivo basado en las características de los procesos productivos, sino del punto de vista del observador. De este modo, "los costos crecientes y los costos decrecientes no son más que diferentes aspectos de un mismo proceso, pudiendo aparecer simultáneamente en una sola industria". Por ejemplo, si se define una industria como el conjunto de empresas que consume un factor de producción de manera exclusiva, los rendimientos serán decrecientes. En cambio, si las industrias se definen como grupos de empresas que producen un bien específico, es más probable que sus rendimientos se consideren crecientes.

Por otra parte, Sraffa indicaba que la causa de los rendimientos decrecientes tiene sentido solamente a nivel de toda una industria y no a nivel del productor individual:

> lo que es constante es la cantidad de un factor disponible para el conjunto de los productores, en tanto que cada productor considerado separadamente puede aumentar o disminuir la cantidad de ese factor sin influir de manera sensible sobre el precio del factor (Sraffa, 1925:24). (Nuestra traducción.)

En consecuencia, no se puede construir una curva de oferta con costos crecientes para un productor individual. Y, por esta razón, la agregación de las curvas individuales para definir la curva agregada es una operación absurda.[4]

[3] Marshall recupera el edificio ricardiano convirtiéndolo, de esta manera, en un caso particular de una teoría más general.

[4] Samuelson afirmó en su *Foundations of Economic Analysis* que la crítica de Sraffa estaba equivocada. Samuelson expone su razonamiento de la manera siguiente (Samuelson, 1948:78-9): Si tenemos competencia perfecta en los mercados de productos y de factores, y la función de producción es homogénea de primer grado, entonces la matriz correspondiente al Hessiano de la función de producción es singular. En otros términos, es imposible definir un máximo para la empresa y la cantidad producida queda indeterminada. Sin embargo, concluye este autor, no debemos exagerar el alcance de esta paradoja: "Aun cuando la cantidad producida por cada empresa esté indeterminada, la suma puede estar determinada, de la misma manera que la suma de dos funciones discontinuas puede ser una función continua." (Nuestra traducción.) Sin embargo, Samuelson olvida que la suma de dos funciones de producción que *no están definidas* no permite encontrar una función de producción.

En lo que concierne a los costos decrecientes, Sraffa analizó la evolución del pensamiento de Marshall a partir de su *Economics of Industry* hasta los *Principios*. En la primera obra, Marshall consideró el aumento en la escala de producción y la profundización de la división del trabajo como las causas que explicaban la productividad creciente. En cambio, en los *Principios*, la causa fundamental eran las "economías externas". La explicación de esta evolución, según Sraffa, es la siguiente:

> Cuando Marshall se percató de que una reducción del costo derivado de un aumento en la dimensión de las empresas y de una división del trabajo más importante era incompatible con la competencia perfecta, abandonó su punto de vista inicial y desarrolló considerablemente la teoría de las economías externas, hasta el punto de considerarlas la causa única de los costos decrecientes bajo un régimen de competencia (*op. cit.*: 29). (Nuestra traducción.)

En otros términos, la construcción de la curva de oferta en la obra de Marshall debe fundamentar la teoría simétrica del valor. Pero además, debe ser compatible con el supuesto de competencia perfecta. La introducción de los costos decrecientes, a partir de economías "externas" a la empresa pero "internas" a la industria, responde a esta doble necesidad; sin embargo, como señaló Sraffa, este tipo de "economías externas" es demasiado raro como para ser el fundamento de un análisis general.[5]

La conclusión del artículo de 1925 de Sraffa apunta en la dirección de abandonar las complejas hipótesis destinadas a servir de soporte a la curva de rendimientos no proporcionales y regresar a la concepción de los clásicos, en la que predominan los costos constantes. De esta manera, se podría volver a dar la misma importancia que le dan estos autores al costo de producción en la determinación del precio de las mercancías.

El otro aspecto de la crítica de Sraffa (que hace explícito su artículo de 1926) se relaciona con el supuesto de competencia perfecta. Sraffa llega a la conclusión de que es necesario abandonarlo para realizar un análisis más completo a partir de un régimen de monopolio. Este aspecto de su crítica fue el punto de inspiración de los primeros traba-

[5] Es interesante recordar que el tratamiento analítico de los rendimientos crecientes sigue planteando dificultades en la moderna teoría de equilibrio general. Por razones formales (esencialmente, la pérdida de la propiedad de convexidad en los conjuntos de posibilidades de producción), no ha sido posible integrar este importante aspecto de la producción capitalista en los modelos de equilibrio general. Sobre este punto, véase el capítulo 7 de Arrow y Hahn (1971).

jos sobre competencia imperfecta de Joan Robinson (1933).[6] De manera independiente, Chamberlin (1933) hizo una contribución igualmente importante al estudio de la competencia imperfecta. Una preocupación sobre las distorsiones introducidas en el mecanismo ortodoxo de asignación de recursos por los elementos ajenos a la competencia perfecta marcó la orientación original de estos trabajos. Por consiguiente, los conceptos utilizados en este tipo de análisis siguieron siendo los neoclásicos y la teoría dominante no tuvo demasiadas dificultades en absorber el alcance crítico de este esfuerzo.

Posteriormente, se hizo evidente que la llamada teoría de la competencia imperfecta enfrentaba dificultades serias para rebasar el nivel de análisis en el que simplemente se añadían hipótesis *ad hoc*; las posibilidades de transición a un conjunto de enunciados lo suficientemente general como para ser considerado una verdadera teoría se fueron disipando. Las investigaciones sobre competencia imperfecta y la teoría del oligopolio condujeron a una situación en la que cada caso era diferente y, aun frente a fenómenos tan simples como un aumento en la demanda, resultaba difícil desarrollar enunciados generales sobre el efecto en los precios. Además, numerosos estudios empíricos condujeron a una confrontación entre la realidad industrial y los conceptos de la teoría que fortaleció esta tendencia. En los términos de Sylos Labini (1966), la "teoría" del oligopolio se vio relegada a una serie de estudios en los que cada caso era diferente. Más importante parece la afirmación de Hicks (1935) sobre la dificultad de llegar a enunciados de carácter general en el marco del análisis de la competencia imperfecta.

En este contexto, destaca el trabajo empírico de R.L. Hall y C.J. Hitch (1939) sobre la fijación de precios a partir del costo total y un "mark up". Junto con el trabajo de Sweezy (1939), esta investigación contribuyó a explicar la rigidez de los precios en industrias sometidas a un régimen de oligopolio. La explicación está basada en la idea de que la curva de demanda que enfrenta un productor oligopólico tiene un ángulo en un punto en el que su pendiente cambia bruscamente.

[6] La crítica de Sraffa no estaba dirigida simple y llanamente al problema de la forma de las curvas de rendimientos en la teoría simétrica del valor de Marshall. Se trataba de una crítica más fundamental y profunda que debía desembocar en el abandono de la concepción marshalliana de la determinación del valor en favor de la concepción ricardiana de la preponderancia de los costos de producción. Los autores de la teoría de la competencia imperfecta pasaron por alto el verdadero alcance de la crítica de Sraffa y se concentraron, en cambio, en sus referencias a la segmentación de mercados, el efecto de la predilección de los consumidores por determinados productos, los gastos en publicidad, etc. Todos estos temas pasaron a formar parte de la literatura sobre competencia imperfecta sin gran menoscabo de la teoría ortodoxa. La crítica más profunda de Sraffa a la teoría neoclásica tuvo que esperar hasta la publicación de su obra *Producción de mercancías por medio de mercancías.*

Hacia arriba de ese punto, los competidores del productor oligopólico difícilmente le seguirían en un aumento en el precio; hacia abajo de ese punto, los competidores rápidamente seguirían las reducciones del precio. La presencia de este ángulo en la curva de demanda que enfrenta el productor oligopólico determina una discontinuidad en la curva de ingresos marginales.[7]

De este modo, para Hall y Hitch, los precios no se determinan por la igualdad entre costo marginal y ganancia, sino que dependen del principio de "costo total", definido como la suma de costos variables, costos fijos y un porcentaje para la ganancia (derivado de un acuerdo tácito en cada industria). Y una vez que los precios han sido fijados de esta manera, por las relaciones de rivalidad esperadas, cada productor oligopólico piensa que enfrenta una curva de demanda con un ángulo. Pero, si bien este esquema pretendía servir para explicar por qué los precios permanecen estables una vez que han sido fijados, no ofrecía una explicación de la determinación inicial de los precios.

De la misma manera, este análisis de la rigidez de los precios no permitía integrar una serie de variables relacionadas con la estructura de cada rama y, en particular, con la tecnología de cada productor. Estos factores condicionarían de manera importante las pendientes de la curva de demanda en ángulo y, por lo tanto, la discontinuidad en la curva de ingresos marginales que dependería del número de competidores, el tamaño de cada uno (en particular, el tamaño del productor que ocupe el liderazgo en los movimientos de precios), el grado de diferenciación de los productos y, finalmente, el grado de colusión existente. Sin embargo, todos estos factores quedan fuera del poder explicativo de este modelo. Por ello, aun cuando este enfoque pretendió integrar el comportamiento oligopólico al análisis (aceptando que el productor oligopólico podía tener un comportamiento activo en lo que concernía a la fijación del precio, la diferenciación del producto y los gastos de publicidad), resultó insuficiente para explicar las variables más importantes de la realidad industrial. De hecho, su aportación puede ser descrita como una serie de reglas *ad hoc* para o sobre la determinación de precios en las cuales incluso los fenómenos más simples (como un aumento en la demanda) no pueden determinar los precios sin ambigüedades.

Steindl (1952) percibió claramente las limitaciones de la teoría de la competencia imperfecta (incluyendo en este rubro a los trabajos de Hall-Hitch y de Sweezy). Para este autor, el fenómeno de la rigidez

[7] La discontinuidad es proporcional a la diferencia entre las pendientes de la curva de costos en el ángulo. Para más detalles sobre la versión de Sweezy y de Hall-Hitch, véase Stigler (1947).

de precios depende de factores que esa corriente de pensamiento no puede aprehender porque hace demasiado hincapié en la elasticidad de la demanda. En los términos de Steindl:

> Los precios se determinan tomando en cuenta las condiciones de largo plazo de la demanda, y los cambios de corto plazo, a los cuales no se les atribuye un carácter permanente, no inducen ningún cambio en el precio. Las reducciones de precios en la fase recesiva no estimulan la demanda, y los aumentos de precios en una fase de expansión pasajera pueden perturbar el desarrollo de largo plazo de la demanda (Steindl, 1952:16). (Nuestra traducción.)

Por lo tanto, Steindl desarrolló una explicación de la formación de precios basada en un concepto distinto y que estaba relacionado con la intensidad de la competencia: los diferenciales de costos entre los productores de cada rama. Este concepto quedó vinculado a las diferencias en los tamaños de los productores y, a través de ellas, al proceso de competencia intercapitalista. Además, el ritmo de expansión del mercado condiciona la dimensión del espacio económico dentro del cual deben convivir los productores y la explicación de las ganancias adquiere un sabor decididamente ricardiano. Steindl reconoció esto explícitamente pero, además, buscó determinar esas rentas diferenciales y los factores que hacían de un productor el "productor marginal" y de otros, acreedores de una ganancia neta. Entre esos factores, el proceso de cambio técnico es considerado un arma de la competencia intercapitalista que conduce a la reducción de costos y, eventualmente, a la concentración industrial.[8]

Otro trabajo importante que otorga un lugar central al proceso de cambio técnico es el de Downie (1958) sobre el proceso competitivo y la dispersión de eficiencia en el seno de cada industria. Downie recurre a la interacción entre lo que llama el "mecanismo de transferencia" y el "mecanismo de innovación". El primero de estos mecanismos conduce, esencialmente, a la transferencia de las parcelas de

[8] Uno de los méritos de la obra de Steindl es la relación que establece entre la acumulación de capital (interno de cada empresa) y el proceso de competencia. Esta relación se lleva a cabo a partir de la definición de ganancia neta y permite, según el propio Steindl, recuperar una parte importante del análisis de Marx sobre el proceso de acumulación capitalista. Cabe señalar que el trabajo de Steindl está influido por la obra de Kalecki (1969) y mantiene un cierto parentesco con el estudio de Sylos Labini (1957). Un autor cuya valiosa aportación pasó prácticamente inadvertida es Downie (1958). Su trabajo permite hacer explícitos algunos elementos importantes que aparecen en los análisis de Marx y Schumpeter del proceso de competencia intercapitalista. Sobre este punto, véase la presentación al capítulo 3.

mercado de las empresas ineficientes a las empresas eficientes.[9] Se considera que este mecanismo es un elemento poderoso ya que puede desembocar, cuando no está contrarrestado por otras fuerzas, en un aumento acentuado de la concentración. A través de esta fuerza, el sistema económico manifiesta su "intolerancia a la dispersión de costos" (Downie, 1958:74). Las fuerzas que contrarrestan el proceso de eliminación de la dispersión de costos son de índole muy variada, pero la más importante es el "mecanismo de innovación". Desde luego, el estudio de Downie abandona los supuestos tan poco realistas como el del conocimiento de la frontera de posibilidades tecnológicas por todas las empresas en una industria; es más, precisamente la ignorancia de lo que otras empresas hacen y cómo lo hacen constituye, en este análisis, una de las explicaciones más convincentes de la dispersión de estructuras de costos. Este elemento de incertidumbre es uno de los frenos al proceso de difusión de una innovación y constituye, al mismo tiempo, uno de los incentivos para introducir innovaciones. La interacción entre estos dos mecanismos se expone en el siguiente pasaje (Downie, 1958:93):

> He sugerido que la dispersión de eficiencia existente en un momento dado resulta de la introducción de innovaciones (que pueden estar asociadas a innovaciones en los objetivos de producción), que estas innovaciones son introducidas por empresas individuales en una industria y que el conocimiento de ellas se difunde con cierta lentitud. El mecanismo de transferencia (...) reduce progresivamente la dispersión de costos y exalta el costo bajo en detrimento del costo alto. Pero, mientras más se reduce la dispersión, más se reduce la tasa a la que se contrae. Esto es más cierto en la medida en que la tasa de experimentación con nuevas técnicas tiende a intensificarse al reducirse la dispersión de costos. (...) En algún punto, el proceso de experimentación conduce a innovaciones exitosas. Como éstas las llevarán a cabo empresas distintas a las que tuvieron éxito en la última ocasión, el efecto es una perturbación de la relación de costos anterior y ahora se tendrá que deshacer buena parte de la redistribución de las parcelas de mercado que el mecanismo de transferencia había ordenado. (Nuestra traducción.)

[9] Dos aclaraciones se imponen. Primera, la definición de la *eficiencia* no se limita a un concepto estrictamente tecnológico. En realidad, la noción de eficiencia utilizada por Downie está asociada a la estrategia de crecimiento de cada empresa. Para este autor, la variable tecnológica es solamente una de tantas en el abanico de opciones de una empresa cuando formula su estrategia de crecimiento. Segunda, la definición del mecanismo de transferencia está estrechamente asociada a la definición de "industria" utilizada en este análisis (Downie, 1958:31): "(Se define) una industria como un grupo de empresas cuyas técnicas de producción son lo suficientemente parecidas como para que tenga sentido el concebir que una empresa pueda desempeñar las tareas de otra". (Nuestra traducción.)

Una frase con profundas raíces en las obras de Marx y Schumpeter sintetiza el proceso (*op. cit.*, 95):

> He sugerido que el progreso consiste en la creación de dispersión de costos, y que la tendencia a la eliminación de la dispersión de costos es lo que engendra el progreso. (Nuestra traducción.)

El trabajo de Downie constituye, sin lugar a dudas, una aportación importante que, de manera inexplicable, ha pasado casi inadvertida. Su libro mantiene un equilibrio refrescante entre la elaboración de conceptos rigurosos, una formalización matemática precisa y un sólido análisis empírico. De hecho, los componentes centrales de la obra de Downie (proceso de competencia intercapitalista y cambio técnico) están estrechamente relacionados con la necesidad de elaborar una teoría sobre las fuerzas económicas que determinan la estructura industrial. Como veremos más adelante, esta contribución constituye una anticipación a las líneas de investigación desarrolladas recientemente sobre esta problemática.

También en los años cincuenta, el análisis de Joe S. Bain (1956) otorgó una gran importancia al problema de las barreras a la entrada y al papel de los competidores potenciales. Su estudio demostró que había que realizar una importante tarea en el ámbito de la investigación empírica ya que la variable tecnológica surgía como un elemento clave en el proceso de competencia intercapitalista. Por otra parte, los trabajos de autores como Nelson (1959) demostraron que había que analizar la actividad inventiva, tanto como actividad económica a la cual se puede atribuir un costo como en su calidad de instrumento para mantener posiciones ventajosas en el proceso de competencia. Sin embargo, algunos resultados empíricos (como los de Mansfield) reforzaron la idea de que no se podía establecer un vínculo de causalidad con una orientación precisa entre variables como la concentración industrial o el tamaño de las empresas y el gasto en investigación y desarrollo tecnológico.

En la actualidad, el enfoque de organización industrial constituye un capítulo consolidado en la disciplina y ha evolucionado notablemente en los últimos años. El renacimiento del interés por la obra de Schumpeter y Marx (en cuyas teorías el proceso de competencia y el cambio técnico son elementos centrales del análisis de la economía capitalista) ha constituido, sin lugar a dudas, un factor esclarecedor de la nueva concepción de organización industrial. De hecho, los adelantos más recientes en este terreno son el resultado directo de la recuperación del punto de inspiración schumpeteriano sobre la competencia intercapitalista. Esta perspectiva ofrece mayores posibilidades de análisis como eje de investigación sobre el cambio técnico, pero siempre ocupó un lugar muy secundario frente a la perspectiva neoclásica ortodoxa que, basada en una lectura particular de la obra de Ricardo, se concentró en la relación entre cambio técnico y distribución.

El libro de Kamien y Schwartz (1982) contiene una revisión general de las principales aportaciones al análisis de las relaciones entre estructura industrial y el proceso de cambio técnico y difusión de innovaciones. Esta línea de investigación ha estado dominada por la pregunta sobre los incentivos a la innovación que proporciona una estructura industrial competitiva o monopólica. En el estudio de Arrow (1962) se llega a la conclusión de que la estructura competitiva proporciona mayores incentivos a la innovación que la estructura monopólica. Esta conclusión es contradictoria con la serie de "hipótesis schumpeterianas" de que las estructuras monopólicas conllevan mayores incentivos a la innovación.[10] Los estudios empíricos sobre los temas de las hipótesis schumpeterianas indican una correlación positiva entre variables como coeficientes de concentración y gastos en investigación y desarrollo experimental o entre tamaño de empresas y capacidad innovadora, por ejemplo. Pero más allá de estos estudios empíricos, el trabajo de Kamien y Schwartz permite clasificar las investigaciones microeconómicas sobre el tema en dos grandes grupos. El primero reúne las formalizaciones matemáticas y los desarrollos teóricos relacionados con los estudios empíricos de las hipótesis schumpeterianas. El segundo grupo estaría constituido por estudios basados en nociones de equilibrio del tipo Nash-Cournot y en él encontramos trabajos inspirados por la preocupación de la asignación eficiente (desde el punto de vista social) de recursos para actividades de investigación y desarrollo experimental.[11]

En realidad, lo que Kamien y Schwartz denominan las "hipótesis schumpeterianas" se sintetiza en la siguiente lista de preguntas: 1) ¿Existe una relación positiva entre la asignación de recursos a la investigación y la producción de inventos? 2) ¿Esta relación tiene rendimientos constantes o no proporcionales? 3) ¿Existe una relación entre tamaño de la empresa y actividad inventiva? 4) ¿Cuál es la relación entre la estructura de la rama y la asignación de recursos a la actividad

[10] Las bases de estas hipótesis son múltiples. Destaca la idea de que las empresas monopólicas pueden preservar las rentas monopólicas durante más tiempo y pueden financiar más fácilmente un esfuerzo de investigación y desarrollo experimental (IDE).

[11] Kamien y Schwartz denominan al segundo grupo "enfoque de teoría de juegos aplicada a la innovación" porque está basado en nociones derivadas de los modelos tipo Nash-Cournot: "Cada innovador potencial determina su nivel de inversión en investigación y desarrollo experimental como una mejor respuesta a cada posible nivel de gasto en investigación y desarrollo experimental de sus rivales y parte del supuesto de que esos niveles no son reacciones a su elección"(Kamien y Schwartz, 1982:21). (Nuestra traducción.)

inventiva? 5) ¿Cuál es el papel de la "oportunidad tecnológica" en la actividad inventiva? 6) ¿Cuál es el papel de la "presión de la demanda" sobre la actividad inventiva? 7) ¿Cuál es la influencia de la disponibilidad de recursos financieros internos sobre la actividad inventiva? Entre los estudios más importantes que abordan este tipo de problemas se encuentran los de Mansfield (1968) y varios estudios incluidos en Scherer (1984). Sin embargo, las "hipótesis schumpeterianas" sobre este tema son mucho más complejas y cubren una gama más amplia de problemas. Quizás las más importantes son las que se refieren a los efectos de las innovaciones sobre la estructura u organización industrial (por ejemplo, al modificar la escala de producción que permite minimizar costos o al erigir barreras a la entrada).

En este contexto es necesario indicar que la teoría de la organización industrial ha evolucionado recientemente en la dirección indicada por Schmookler (1966), en el sentido de que es necesaria una teoría que explique lo que actualmente tomamos como un dato, a saber, la estructura industrial. Esta variable se ha de explicar como resultado de una evolución en la que los agentes desempeñan el papel fundamental. De este modo, paulatinamente, se abandona la concepción anterior en la que la estructura de una rama era simplemente un ámbito en el que interactuaban los agentes económicos para determinar los precios. La revolución en el análisis de organización industrial generada por los trabajos de R. Nelson, S. Winter, W. Baumol y otros ha conducido a una concepción enteramente distinta del problema: el proceso de competencia entre empresas es el generador de la estructura de la rama. En los términos de Baumol, Panzar y Willig:

> Pensamos que la estructura de una industria, en realidad, está determinada primordialmente por fuerzas económicas (...). Consideramos que esa estructura económica está determinada endógena y simultáneamente por los vectores de esa producción industrial y sus precios. Por lo tanto, una tarea central de nuestro trabajo es la integración del proceso de determinación de la estructura al modelo (...) (*op. cit.*, 1982:2). (Nuestra traducción.)

Un punto que merece ser destacado es el siguiente. Los nuevos enfoques en el terreno de la organización industrial permiten integrar, en un marco analítico unificado, variables como los gastos en investigación y desarrollo, tamaño de las empresas, grados de concentración y de diversificación, cadencia en la introducción de innovaciones, etc. Nelson y Winter (1982:276) expresan que su enfoque, en contraste con el tradicional, no considera que cada agente posea un conjunto conocido de posibilidades de producción; al contrario, no existen conjuntos de posibilidades de acción determinados *a priori* y se desconocen los resultados de cada acción.

Según esta óptica, la distinción ortodoxa entre "conjuntos de posibilidades de producción" y "decisiones sobre posibilidades de producción" desaparece. La base para la abolición de esta distinción es la siguiente. Los conocimientos que se requieren para utilizar un determinado proceso productivo y la información que se necesita para decidir qué técnica utilizar son muy semejantes. La teoría ortodoxa ha mantenido una distinción tajante entre el conjunto de posibilidades de producción y las decisiones que permiten escoger entre estas opciones porque hay un gran número de elementos relacionados con el comportamiento de la empresa que está ya incluido en la descripción de la técnica de producción. Para Nelson y Winter, tanto las técnicas disponibles como las reglas que determinan la selección de un proceso son simples reflejos de las rutinas históricamente determinadas que gobiernan las acciones de las empresas.

El término "rutinas" abarca, para estos autores, rutinas técnicas de producción, de manejo de inventarios, de administración de personal, de diseño de políticas de inversión, de investigación y desarrollo experimental, de diversificación de productos, etc. Así pues, las rutinas constituyen la memoria genética de cada empresa. En estos comportamientos rutinarios se reconocen diferentes niveles jerárquicos, y aunque en un momento determinado las rutinas pueden considerarse un dato, "las características de las rutinas que prevalecen pueden entenderse solamente en relación con el proceso de evolución que las ha moldeado". En los modelos elaborados por Nelson y Winter, las rutinas son el resultado de un proceso de "búsqueda" por parte de las empresas individuales. Esta búsqueda corresponde a la reacción de las empresas a las "señales del mercado". El resultado de los procesos de búsqueda se define a través de una distribución probabilística de rutinas que serán identificadas (este resultado puede estar condicionado por las rutinas ya existentes en la empresa). Por último, el mercado lleva a cabo un proceso de selección de las empresas que dan muestras de haber identificado y puesto en ejecución las rutinas más eficaces.

Para Nelson y Winter, el proceso de competencia tiene por función recompensar y fomentar la selección de opciones que muestran ser provechosas para los agentes (*op. cit.*, 277):

> a largo plazo, el sistema de competencia promueve a las empresas que, en promedio, han escogido bien y elimina a las empresas que consistentemente cometen errores o las obliga a reformar su comportamiento.

Cuando las empresas reaccionan a las señales del mercado, el proceso de competencia conduce a un incesante cambio en la distribución de tamaños de las empresas y a variaciones en su tasa de mortalidad. Así pues, se trata de integrar el problema de la determinación de la estructura de cada rama industrial en tanto variable *endógena* del análisis. A la vez, el problema de la dirección de causalidad entre variables como tamaño de la empresa, concentración industrial y magnitud del esfuerzo de investigación tecnológica se convierte en algo más complejo.

El libro de Baumol, Panzar y Willig (1982) introduce otra vertiente para abordar el mismo problema (la determinación de la estructura industrial como variable endógena). El concepto de mercado disputable desempeña un papel fundamental en la perspectiva de estos autores:

> Un mercado en perfecta disputa sería el que es accesible a competidores potenciales y que goza de las dos características siguientes: primero, los competidores que potencialmente pueden entrar en ese mercado pueden atender, sin restricción alguna, la misma demanda y utilizar las mismas técnicas de producción que aquellas de que disponen las empresas que ya actúan en ese mercado (*op. cit.*, 5). (Nuestra traducción.)

En otros términos, no existen barreras a la entrada. El segundo elemento que introducen estos autores se refiere a que los competidores potenciales evalúan la rentabilidad de su ingreso al mercado a los precios que rigen las actividades de todos los productores (i.e., a los precios previos a su entrada). Además, los autores introducen la definición de una configuración industrial "sostenible":

> Definimos una configuración industrial sostenible como un vector de precios y un conjunto de vectores de producción (uno para cada uno de las empresas en la configuración), con las siguientes propiedades: primero, las cantidades demandadas a esos precios deben ser iguales a la suma de las cantidades producidas por todas las empresas en la configuración. Segundo, los precios permiten obtener a cada empresa ingresos no inferiores a los costos de producción para esas cantidades. Por último, no existen oportunidades para ingresar en la rama que parezca rentable a los competidores potenciales que consideran a los precios de las empresas ya existentes como fijos (*Ibid.*). (Nuestra traducción.)

Otro aspecto importante de este nuevo marco de análisis es que rompe en un punto crucial con la herencia teórica de los enfoques convencionales sobre organización industrial: se introduce el análisis sistemático de las empresas multiproducto. En efecto, la contribución de Baumol, Panzar y Willig integra a las empresas multiproducto en el análisis a través de los conceptos apropiados de costos, entre los que destaca el de economías de alcance o diversificación ("scope economies"). Esta articulación se estudia en la presentación al capítulo 3 de esta bibliografía; cabe señalar aquí que tanto el modelo de Nelson y Winter como el de Baumol, Panzar y Willig son considerados ya por algunos economistas latinoamericanos especialmente valiosos para el análisis de la evolución industrial en nuestra región. En particular, Tavares (1986) llega a la conclusión de que estos enfoques "ofrecen las directrices para un amplio programa de investigación sobre las influencias recíprocas entre el progreso técnico y la estructura industrial" y aportan una manera novedosa de concebir la articulación entre el análisis a nivel de rama industrial y el ámbito macroeconómico. Aparte de otras consideraciones, Tavares propone la elaboración de un marco analítico que permita la integración de los niveles de análisis micro y macroeconómico (sobre este punto, véase la presentación al capítulo 3 de esta bibliografía).

La necesidad de determinar la estructura de la industria como una variable endógena de los modelos analíticos también condiciona la manera de abordar el problema de la difusión del cambio técnico. El análisis de este problema se restringió, durante muchos años, al examen de los diferentes ritmos de adopción de una tecnología nueva por parte de los productores pertenecientes a una misma rama. En la actualidad, se considera que trabajos como los de Mansfield (1968) condujeron a concebir a la difusión de innovaciones como un proceso de ajuste que converge en un equilibrio de largo plazo, a pesar de que Mansfield pretendió explorar las relaciones entre difusión y variables como el tamaño de las empresas, el grado de concentración y la edad de los administradores. En última instancia, según estos trabajos, el factor determinante de la difusión de innovaciones es la rentabilidad esperada y depende de la difusión de información acerca de los rasgos sobresalientes de la tecnología.

En la década de los setenta, hubo numerosas investigaciones que permitieron llegar a la conclusión de que había una serie de factores adicionales que condicionaba de manera importante el proceso de difusión de las innovaciones: las características de la tecnología, las diferencias entre los productores en cada rama (tamaños, composición de capital, estructuras de costos, grado de control del mercado, etc.). Un ejemplo de estos trabajos es el de Nabseth y Ray (1974) sobre la difusión de diez innovaciones específicas en seis países europeos. No obstante, si bien estos trabajos aportaron conocimientos importantes sobre la difusión de innovaciones, no hicieron posible un análisis más completo sobre las causas determinantes de la adopción de innovaciones y su impacto en la estructura industrial. Sin lugar a dudas, la falta de conceptos adecuados para llevar a cabo comparaciones interindustriales (en particular, conceptos que permitieran el tratamiento de la competencia intercapitalista) constituyó una de las principales limitaciones del estudio de Nabseth y Ray.

Como ya hemos indicado, los modelos inspirados en nociones sobre la evolución de las estructuras económicas tratan de rebasar, en la actualidad, los límites estrechos del marco de análisis en el que la configuración de cada rama es un dato del modelo. Una de las vertientes de esta línea de investigación permite abordar el problema de la difusión de innovaciones, considerándolo uno de los factores determinantes de la estructura de la rama (invirtiendo así el marco de análisis anterior). En efecto, trabajos como los de Silverberg (1985) y Dosi, Orsenigo y Silverberg (1986) sobre "modelos de auto-organización" definen un marco analítico para el estudio de la difusión basado en los siguientes puntos (Dosi, Orsenigo y Silverberg, 1986):

*i)* en condiciones de incertidumbre, los agentes económicos no pueden maximizar y, además, quizás ni siquiera sea eficaz el tratar de hacerlo;

*ii)* el comportamiento "racional" no puede ser definido de manera precisa y única porque lo que es conveniente para un agente depende, con bastante complejidad, del comportamiento (incierto) de otros agentes;

*iii)* el conjunto de equilibrios está sujeto a un efecto de histéresis (i.e., depende de los senderos seguidos para alcanzarlos y de la historia pasada en el modelo);

*iv)* a lo largo del tiempo, el proceso de aprendizaje de los agentes económicos condiciona la tecnología misma;

*v)* el proceso de selección determina las características mismas de los agentes en cada rama.

Por otra parte, el reconocimiento de determinadas características de la tecnología (su diferente grado de apropiabilidad, la incertidumbre que rodea el resultado de la actividad inventiva y de sus aplicaciones comerciales, etc.), así como la diversidad en el comportamiento de los agentes conducen a otorgar una gran importancia a la noción de desequilibrio en el marco de entornos económicos que están cambiando continuamente. Estos análisis acerca de la difusión de innovaciones pretenden estudiar la interacción dinámica de variables como la transformación de la tecnología, la estructura económica y el comportamiento de los agentes económicos para identificar los senderos trazados por la evolución de una industria, al mismo tiempo que evalúan la manera en que la morfología del sistema retroalimenta sus efectos sobre los incentivos, restricciones y comportamiento de cada uno de los agentes individualmente considerado.

Otro conjunto de trabajos que se incluye en este capítulo analiza la llamada "estrategia de la empresa". Esta preocupación está estrechamente relacionada con los temas arriba mencionados y, en particular, con la búsqueda de nuevos mecanismos y procesos de producción que permitan a las empresas una reacción favorable a las señales del mercado. Según estos nuevos enfoques, los procedimientos seguidos en los departamentos de investigación y desarrollo experimental, de investigación de operaciones y de análisis de mercados también están regidos por reglas precisas. Pero solamente se puede llegar a entender estas reglas una vez que se analiza la evolución industrial que las crea.[12]

## REFERENCIAS

Arrow, K., "Economic Welfare and the Allocation of Resources for Inventions", en *The Rate and Direction of Inventive Activity,* (R. Nelson, compilador), Princeton University Press, 1962.

____________, y F. H. Hahn, *General Competitive Analysis*, San Francisco, Holden Day, 1971.

Bain, J. S., *Barriers to New Competition*, Harvard University Press, 1956.

Baumol, W. J., J. C. Panzar y R. D. Willig, *Contestable Markets and the Theory of Industry Structure*, Nueva York, Harcourt Brace, 1982.

Clapham, Sir John, "On Empty Economic Boxes", *The Economic Journal*, septiembre, 1922, pp. 305-314.

____________, *An Economic History of Modern Britain*, Londres, Cambridge University Press (dos tomos), 1938.

Chamberlin, E. H., *The Theory of Monopolistic Competition*, Oxford University Press, 1933.

Dosi, G., L. Orsenigo y G. Silverberg, "Innovation, Diversity and Diffusion: A Self Organization Model", trabajo presentado en la Conferencia Internacional sobre Difusión de las Innovaciones, Venecia, Italia, marzo 17-21, 1986.

Downie, Jack, *The Competitive Process*, Londres y Southampton, Gerald Duckworth & Co. Ltd., 1958.

[12] Este tipo de reflexiones está presente en la línea de trabajos conocida como "nueva economía institucional". Véase, por ejemplo, la recopilación de ensayos de Langlois (1986).

Hall, R. L. y C. J. Hitch, "Price Theory and Business Behavior", *Oxford Economic Papers*, mayo, 1939.

Hicks, John R., "Annual Survey of Economic Theory: The Theory of Monopoly", *Econometrica*, vol. 3, 1935.

Kalecki, M., *Theory of Economic Dynamics*, Nueva York, Augustus M. Kelley, 1969.

Langlois, R. N., *Economics as a Process: Essays in the New Institutional Economics*, Cambridge, Cambridge University Press, 1986.

Mansfield, E., "Size of Firm, Market Structure and Innovation", *Journal of Political Economy*, diciembre, 1963, pp. 556-576.

__________, *Industrial Research and Technological Innovation*, Nueva York, Norton, 1968.

Marshall, A., *Principles of Economics*, Londres, MacMillan, octava edición, 1920.

Nasbeth, R. R. y G. Ray, *The Diffusion of New Industrial Processes*, Cambridge, Cambridge University Press, 1974.

Nelson, R., "The Economics of Invention: A Survey of the Literature", *The Journal of Business*, vol. 32, abril, 1959a.

__________, "The Simple Economics of Basic Scientific Research", *Journal of Political Economy*, junio, 1959b.

Pigou, A. C., "Empty Economic Boxes: A Reply", *The Economic Journal*, diciembre, 1922, pp. 458-465.

Robinson, J., *The Economics of Imperfect Competition*, MacMillan, 1933.

Scherer, F. M., *Innovation and Growth*, Cambridge, Mass., The MIT Press, 1984.

Schmookler, J., *Invention and Economic Growth*, Cambridge, Mass., Harvard University Press/ Londres, Oxford University Press, 1966.

Silverberg, G., "Technical Progress, Capital Accumulation and Effective Demand: A Self-Organization Model", *Proceedings*, Special Sessions on "Economic Evolution and Structural Change" and "Competition between Capitalists and Workers", Fifth International Conference on Mathematical Modelling: Berkeley, 1985.

Sraffa, P. (1925), "Sulle Relazioni fra Costo e Quantità Prodotta", *Annali di Economia*, vol. II, núm. 1. Reproducido en *Ecrits d'Economie Politique*, París, Economica, 1975.

__________ (1926), "The Laws of Return Under Competitive Conditions", *The Economic Journal*, diciembre, vol. 36. Reproducido en *Ecrits d'Economie Politique*, París, Economica, 1975.

Stigler, G. J., "The Kinky Oligopoly Demand Curve and Rigid Prices", *Journal of Political Economy*, vol. 55, 1947, pp. 432-447.

Sweezy, P., "Demand Under Conditions of Oligopoly", *Journal of Political Economy*, vol. 47, 1939, pp. 568-73.

Sylos Labini, P., *Oligopolio y progreso técnico*, Barcelona, Oikos Tau, 1966.

Tavares, J., "Los mercados disputables y la competencia schumpeteriana en las economías de industrialización reciente", *El Trimestre Económico*, núm. 211, vol. 53, 1986.

## LIBROS Y DOCUMENTOS


Aaronovitch, Sam, *Big Business. Theorical and Empirical Aspects of Concentration and Mergers in the United Kingdom*, MacMillan, Londres, 1975. [4]

Abernaty, William J., *The Productivity Dilemma*, Johns Hopkins University Press, Baltimore y Londres, 1978. [10]

Alchian, Armen Albert, *Exchange and Production. Competition, Coordination, and Control Wodsworth*, Belmont, Calif., 1977. [4]

Andrews, Philip Walter Sawford, *On Competition in Economic Theory*, MacMillan, Nueva York, 1966. [4]

Asch, Peter, *Industrial Organization and Antitrust Policy*, John Wiley and Sons, Nueva York, 1983. [2]

Ayres, Clarence Edwin, *The Theory of Economic Progress*, University of North Carolina Press, Chapell Hill, 1944. [1]

Backman, Jules, *Changing Marketing Strategies in a New Economy*, Bobbs Merill Education Pub., Indianapolis, 1977. [2]

Bain, Joe S., *International Differences in Industrial Structure*, Yale University Press, New Haven, 1966. [1]

___________, *Essays on Price Theory and Industrial Organization*, Little, Brown, Nueva York, 1972. [5]

___________, *Diferencias internacionales de estructura industrial*, Aguilar, Madrid, 1973. [5]

___________, *International Differences in Industrial Structure: Eight Nations in the 1950s*, Yale University Press, Londres, 1966. [3,4]

___________, *Barriers to New Competition: their Character and Consequences in Manufacturing Industries*, Harvard University Press, Cambridge, 1956. [4]

Baker, Michael J., *Industrial Innovation*, MacMillan, Londres, 1979. [3]

Baldwin, William Lee, *Antitrust and the Changing Corporation*, Duke University Press, Durham, Carolina del Norte, 1961. [4]

Baranson, Jack, *Technology and Multinationals: Corporate Strategies in a Changing World Economy*, Lexington Books, D. C. Heath, Lexington, Mass., 1978. [2,3,4]

Barback, Ronald H., *The Pricing of Manufactures*, MacMillan, Londres, 1964. [4]

Barker, Peter J., *Case Studies in the Competitive Process*, Heinemann Educational Books, Londres, 1976. [3]

Bastos Tigre, Paulo, *Technology and Competition in the Brazilian Computer Industry*, Frances Pinter, Londres, 1983. [4]

Baumol, W. J., *Business Behavior, Value and Growth*, MacMillan, Nueva York, 1959. [1]

Baumol, William, John Panzar y Robert Willig, *Contestable Markets and the Theory of Market Structure*, Harcourt Brace Javanovich, Nueva York, 1982. [10]

Beachan, A., *Economics of Industrial Organization*, Sir Isaac Pitman & Sons Ltd., Londres, 1963. [4]

Bensoussan, Claude, *Progrès technique et distorsions économiques internes*, Cujas, París, 1967. [3]

Berge, Wendell, *Cartels: Challenge to a Free World*, Public Affairs Press, Washington, D. C., 1944. [4]

Berlinski, Julio, *Cambios en la información técnica y aprendizaje en una planta argentina de motores*, Programa BID/CEPAL de Investigaciones sobre Desarrollo Científico y Tecnológico en América Latina (trabajo núm. 48), BID-CEPAL-PNUD -CIID, Buenos Aires, 1982. [10]

__________, *Innovaciones en el proceso y aprendizaje en una planta argentina de fundición*, Programa BID/CEPAL de Investigaciones sobre Desarrollo Científico y Tecnológico en América Latina (trabajo núm. 45), BID-CEPAL-PNUD-CIID, Buenos Aires, 1982. [10]

Blair, John Malcolm, *Economic Concentration: Structure, Behavior and Public Policy*, Harcourt Brace Jovanovich, Nueva York, 1972. [1,3,6]

Brems, Hans, *Product Equilibrium Under Monopolistic Competition*, Harvard University Press, Cambridge, Mass., 1951. [1]

Brow, Lawrence A., *Innovation Diffusion: A New Perspective*, Methuen, Londres, 1981. [4]

Brown, Murray, *On the Theory and Measurement of Technological Change*, Cambridge University Press, Cambridge, 1968. [1,3]

Burn, Duncan, *The Structure of British Industry*, Cambridge University Press, Cambridge, 1958. [9]

Burns, Tom, *The Management of Innovation*, Quadrangle Books, Chicago, 1962. [4]

Caves, Richard, *American Industry: Structure, Conduct, Performance*, Prentice Hall, Englewood Cliffs, N.J., 1964. [1,3]

__________, *Industrial Organization in Japan*, Brookings Institution, Washington, 1976. [1]

Clark, John Maurice, *La competencia considerada como un proceso dinámico*, Herrero, México, 1967. [4]

___________, *Studies in the Economics of Overhead Costs*, Chicago University Press, Chicago, 1950. [1]

Clark, Norman, *The Political Economy of Science and Technology*, Basil Blackwell, Oxford, 1985. [10]

Collins, Norman R., *Concentration and Price-Cost Margins in Manufacturing Industries*, University of California Press, Berkeley, 1970. [3]

__________y Lee E. Preston, *Concentration and Price-Cost Margins in Manufacturing Industries*, University of California Press, Berkeley, 1976. [1]

Connor, John M., *The Market Power of Multinationals: A Quantitative Analysis of U.S. Corporations in Brazil and Mexico*, Praeger Publishers, Nueva York, 1977. [5]

Coutts, Kenneth, *Industrial Pricing in the United Kingdom*, Cambridge University, Nueva York, 1978. [4]

Choffray, Jean-Marie y Gary L. Lilien, *Market Planning for New Industrial Products*, Ronald Press Publication, Nueva York, 1980. [5]

Chudnovsky, Daniel, *Empresas multinacionales y ganancias monopólicas en una economía latinoamericana*, Siglo XXI, México, 1978. [4]

Daems, Herman, *The Holding Company and Corporate Control*, Martinus Nijhoff Social Science Division, Leiden, 1978. [3]

DaSilva, Marcos Eugenio, *Innovaçao tecnológica no setor de máquinas ferramentas brasileiro*, Programa BID/CEPAL de Investigaciones sobre Desarrollo Científico y Tecnológico en América Latina (trabajo núm. 46), BID-CEPAL-PNUD-CIID, Buenos Aires, 1982. [10]

Dahlman, Carl J., *From Technological Dependence to Technological Development: The Case of the USIMINAS Steel Plant in Brazil*, IDB/ECLA Research Programme in Science and Technology (Working Paper No. 21), IDB-ECLA-UNDP, Buenos Aires, 1978. [10]

Dearborn, Dewitt C. *et al.*, *Spending for Industrial Research 1951-1952*, Harvard University Press, Cambrige, Mass., 1953. [1]

Dewey, Donald, *The Theory of Imperfect Competition: A Radical Reconstruction*, Columbia University Press, Nueva York, 1969. [7]

Dosi, G., *Technical Change and Industrial Transformation*, MacMillan, Londres, 1984. [10]

__________, *The Microeconomic Sources and Effects of Innovation: An Assessment of some Recent Findings*, SPRU, Sussex University, mimeo, 1986. [10]

__________, L. Orsenigo y G. Silverberg, *Innovation, Diversity and Diffusion: A Self-Organisation Model*, SPRU, Sussex University, mimeo, 1986. [10]

Eaton, Jonathan, *Oligopolistic Competition, Product Variety and Entry Deterrence*, Yale University, Economic Growth Center, New Haven, Conn., 1982. [4]

Eichner, Alfred S., *The Megacorp and Oligopoly. Micro Foundations of Macro Dynamics*, Cambridge University Press, Nueva York, 1978. [4]

Engwall, Lars, *Models of Industrial Structure*, Lexington Books, Lexington, Mass., 1973. [4]

Erber, Fabio S., *Paradigma tecnológico, complexo industrial e política económica na microelectrónica*, IEI, Universidad Federal de Río de Janeiro, mimeo, s. f. [10]

Ernst, Dieter, *Innovation, International Diffusion of Technologies and Developing Countries*, Conference on Innovation Diffusion, Venecia, Italia, 1986. [10]

Evely, Richard, *Concentration in British Industry. An Empirical Study of the Structure of Industrial Production 1935-1951*, Cambridge University Press, Cambridge, Inglaterra, 1960. [1]

Fajnzylber, W. Fernando, *Diffusion of Technology, Industrial Structure and International Market of Capital Goods*, National Council of Science and Technology, México, 1974. [4]

___________, *Industrialización e internacionalización en la América Latina*, Fondo de Cultura Económica, México, 1980. [4]

Fellner, William, *Competition Among the Few: Oligopoly and Similar Market Structures*, Augustus Kelley, Nueva York, 1965. [3]

Ferguson, Charles E., *A Macroeconomic Theory of Workable Competition*, Duke University Press, Durham, N. C., 1964. [4]

Fisch, Gerald G., *Organization for Profit. Management for the Age of Technology*, McGraw-Hill, Nueva York, 1964. [1]

Florence, P. Sargant, *The Logic of British and American Industry. A Realistic Analysis of Economic Structure and Government*, Routledge and Kegan Paul, Londres, 1953. [9]

Folk, George E., *Patents and Industrial Progress*, Harper & Brothers, Nueva York, 1942. [1]

Forsyth, David J. C., *Market Structure, Industrial Organisation and Technology*, International Labor Organisation, Ginebra, 1980. [10]

Frank, Louis Rosenstock, *La libre concurrence*, Presses Universitaires de France, París, 1963. [4]

Freeman, Christopher, *The Economics of Industrial Innovation*, Frances Pinter, Londres, 1982. [3,10]

Friedman, James W., *Oligopoly and the Theory of Games*, North-Holland, Nueva York, 1979. [4]

Gold, Bela, *Research, Technological Change and Economic Analysis*, Heath, Lexington, Mass., 1977. [3]

Goldschmid, Harvey J. y Michael J. Mann, *Industrial Concentration: the New Learning*, Little, Brown, Boston, Mass., 1974. [3]

Gort, Michael, *Diversification and Integration in American Industry*, National Bureau of Economic Research, Princeton University Press, Princeton, 1962. [1]

Guerin, Daniel y Ernest Mandel, *La concentración industrial en los EE. UU.*, Amorrortu, Buenos Aires, 1971. [6]

Hamilton, Walton y Elmer E. Batzell, *Patents and Free Enterprise*, Government Printing Office, Washington, D.C., 1941. [1]

Haner, Frederick Theodore, *Global Business Strategy for the 1980's*, Praeger, Nueva York, 1980. [2]

Hannah, Leslie, *Concentration in Modern Industry: Theory, Measurement and the U.K. Experience*, MacMillan, Londres, 1977. [3]

Harman, Alvin J., *The International Computer Industry: Innovation and Comparative Advantage*, Harvard University Press, Cambridge, Mass., 1971. [2,3]

Hawley, Ellis W., *The New Deal and the Problems of Monopoly: A Study in Economic Ambivalence*, Princeton University, Princeton, 1966. [3]

Heertje, Arnold, *Economics and Technical Change*, Weidenfeld and Nicolson, Londres, 1973. [3]

Heiner, Ronald A., *Imperfect Decisions, Routinized Behaviour and Inertial Change*, SPRU, Sussex University, mimeo, 1985. [10]

Helleiner, Gerald K., *The Role of Multinational Corporations in the Less Developed Countries' Trade in Technology*, s.e, México, 1974. [4]

Helpman, Elhanan y Paul R. Krugman, *Market Structure and Foreign Trade: Increasing Returns, Imperfect Competition and the International Economy*, MIT Press, Cambridge, Mass., 1985. [10]

Hilhorts, Jozef Gijspertus Maria, *Monopolistic Competition Technical Progress and Income Distribution*, Rotterdam University Press, Rotterdam, 1965. [4,6,7]

Horowitz, Ira, *Small Business and Government Research and Development*, Small Business Administration, Washington, D.C., 1962. [4]

Hugh-Jones, E. M., *Economics and Technical Change*, Basil Blackwell, Oxford, 1969. [1]

Hunter, Alex, *Monopoly and Competition: Selected Readings*, Penguin, Harmondsworth, Inglaterra, 1969. [3,4,6]

____________, *Monopolio y competencia*, Tecnos, Madrid, 1974. [7]

Hymer, Stephen H., *Direct Foreign Investment and International Oligopoly*, Yale University Press, New Haven, Conn., 1965. [4]

____________, *Multinational Corporations and International Oligopoly: The Non American Challenge*, Yale University, New Haven, Conn., 1970. [4]

International Economic Association, *Monopoly and Competition and Their Regulation. Papers and Proceedings of a Conference*, MacMillan, Londres, Inglaterra, 1954. [4]

Kamien, Morton I. y Nancy L. Schwartz, *Market Structure and Innovation*, Cambridge University Press, Cambridge, Inglaterra, 1981. [3]

Kaplan, A. D. H., *Big Enterprise in a Competitive System*, The Brookings Institution, Washington, 1954. [1]

Katz, Jorge, *Domestic Technology Generation in LDC's: A Review of Research Findings*, IDB/ECLA Research Programme on Scientific and Technological Development in Latin America (Working Paper No. 35), IDB-ECLA-IDRC-UNDP, Buenos Aires, 1980. [10]

__________*et al.*, *Productividad, tecnología y esfuerzos locales de investigación y desarrollo*, Programa BID/CEPAL de Investigaciones sobre Desarrollo Científico y Tecnológico en América Latina (trabajo núm. 13), BID-CEPAL-PNUD-CIID, Buenos Aires, 1978.

Kefauver, Estes, *In a Few Hands: Monopoly Power in America*, Penguin, Harmondsworth, Inglaterra, 1965. [4]

Knickerbocker, Frederick T., *Oligopolistic Reaction and Multinational Enterprise*, Harvard University Press, Boston, 1973. [6]

Krout, John Allen, *Monopoly and Competition in Industry and Labor: A Series of Addresses and Papers Presented at the Annual Meeting of the Academy of Political Science*, Academy of Political Science, Columbia University, Nueva York, 1939. [4]

Labor Research Association, *Monopoly Today*, International, Nueva York, 1950. [4]

Lancaster, Kelvin, *Variety, Equity and Efficiency: Product Variety in an Industrial Society*, Basil Blackwell, Oxford, Inglaterra, 1979. [4]

Langrish, J., *Wealth from Knowledge: A Study of Innovation in Industry*, John Wiley, Nueva York, 1972. [3]

Lobos, Julio Alejandro, *Technology and Organization Structure. A Comparative Case-Study of Automotive and Processing Firms in Brazil*, Cornell University Press, Ithaca, Nueva York, 1976. [4]

Long, Frank, *Restrictive Business Practices, Transnational Corporations and Development Survey*, Martinus Nijhoff, Londres, 1981. [3]

Lorsch, Jay William, *Product Innovation and Organization*, MacMillan, Nueva York, 1965. [4]

Lustgarten, Steven, *Industrial Concentration and Inflation*, American Enterprise Institute for Public Policy Research, Washington, 1975. [1]

Mac Avoy, Paul W., *The Regulated Industries and the Economy*, W. W. Norton, Nueva York, 1979. [3]

Machlup, Fritz, *The Economics of Sellers' Competition: Model Analysis of Sellers' Conduct*, The Johns Hopkins Press, Baltimore, 1952. [4]

___________, *The Political Economy of Monopoly. Business, Labor and Government Policies*, The Johns Hopkins Press, Baltimore, 1952. [4,6]

Mahdavi, Kamal B., *Technological Innovation. An Efficiency Investigation*, K. L. Beckmans Tryckerier AB, Estocolmo, 1972. [7]

Mandel, Ernest, *Concentración industrial de capitales y supranacionalidad*, Instituto del Libro, La Habana, 1969. [6]

Mansfield, Edwin, *The Economics of Technological Change*, W. W. Norton, Nueva York, 1969. [1]

___________, *Technological Change*, W. W. Norton, Nueva York, 1971. [1,4]

___________, *Industrial Research and Technological Innovation: An Econometric Analysis*, W. W. Norton, Nueva York, 1968. [1,4]

Marris, Robin, *The Corporate Economy: Growth, Competition and Innovative Potential*, Harvard University Press, Cambridge, Mass., 1971. [3]

Marting, Elizabeth, *New Products, New Profits. Company Experiences in New Product Planning*, American Management Association, Nueva York, 1964. [1]

Mason, Edward Sagendorph, *Economic Concentration and the Monopoly Problem*, Harvard University Press, Cambridge, Mass., 1959. [4]

Massel, Mark S., *Competition and Monopoly: Legal and Economic Issues*, Brookings Institution, Washington, 1962. [4]

Maxwell, Phillip, *First-Best Technological Strategy in an "N-th Best" Economic Context*, IDB/ECLA Research Programme in Science and Technology (Working Paper No. 16), IDB-ECLA-UNDP, Buenos Aires, 1978. [10]

Mc Gee, John Seneca, *In Defense of Industrial Concentration*, Praeger, Nueva York, 1971. [4]

Meadows, Arthur Jack, *New Technology and Development in the Communication of Research During the 1980's*, University of Leicester, Leicester, 1980. [4]

Meinhardt, Peter, *Inventions Patents and Trade Marks*, Grover, Londres, 1971. [5]

Metcalfe, J. S., *Diffusion of Innovation*, SPRU, Sussex University, mimeo, 1986.

Miller, John Perry, *Competition, Cartels and their Regulation*, North-Holland Publishing Co., Amsterdam, 1962. [9]

Mills, Edwin S., *Price, Output, and Inventory Policy: A Study in the Economics of Firm and Industry*, John Wiley & Sons, Nueva York, 1962. [1]

Minian, Isaac, *Progreso técnico e internacionalización del proceso productivo; el caso de la industria maquiladora del tipo electrónica*, Centro de Investigación y Docencia Económicas, México, 1981. [4,7,9]

____________, *Technical Progress and the Internationalization of the Production Progress. The Case of the Maquiladora Industry of Electronic Type*, CIDE, México, 1978. [3]

Nabseth, L. y G. Ray, *The Diffusion of New Industrial Processes: An International Study*, Cambridge University Press, Cambridge, 1974. [3,5]

Neale, Alan D., *The Antitrust Laws of the United States of America: A Study of Competition Enforced by Law*, Cambridge University Press, Cambridge, Inglaterra, 1970. [4]

Needham, Douglas, *The Economics of Industrial Structure Conduct and Performance*, St. Martin's Press, Nueva York, 1978. [4]

Nelson, Richard R., *Concentration in the Manufacturing Industries of the U.S.*, Yale University Press, New Haven, Conn., 1963. [1]

OECD, *Innovation in Small and Medium Firms*, OECD, París, 1982. [1]

____________, *The Conditions for Success in Technological Innovations*, OECD, París, 1971. [9]

O'Shaughnessy, John, *Patterns of Business Organization*, John Wiley & Sons, Nueva York, 1976. [2]

Parker, John E., *The Economics of Innovation: The National and Multinational Enterprise in Technical Change*, Longman, Nueva York, 1978. [4]

Penrose, Edith T., *La economía del sistema internacional de patentes*, Siglo XXI, México, 1974. [5,7,10]

Perazich, George y Philip M. Field, *Industrial Research and Changing Technology*, W.P.A., Filadelfia, 1940. [1]

Philips, Louis, *Effects of Industrial Concentration: A Cross-Section Analysis for the Common Market*, North-Holland, Amsterdam, 1971. [3]

Pickering, J. F., *Industrial Structure and Market Conduct*, Martin Robertson, Londres, 1976. [3]

Porte, Michael E., *Competitive Strategy: Techniques for Analizing Industries and Competitors*, Free Press, Nueva York, 1980. [2]

Ray, Williams, *The Art of Invention: Patent, Models and the Makers*, Pyne Press, Princeton, 1974. [2]

Reid, Samuel Richardson, *The New Industrial Order: Concentration, Regulation and Public Policy*, McGraw-Hill, Nueva York, 1976. [3]

Robertson, Dennis Holme, *The Control of Industry*, Cambridge University Press, Cambridge, 1963. [4]

Robinson, E. A. G., *The Structure of Competitive Industry*, Nisbet & Co., Londres, 1953. [1,9]

__________, *Monopoly*, Nisbet, Londres, 1946. [4]

Rodríguez Cerna, Fernando, *Análisis económico del sistema internacional de patentes*, UNAM, México, 1977. [4]

Rogers, Everett M., *La comunicación de innovaciones*, Herrero, México, 1974. [2]

__________, *Diffusion of Innovations*, The Free Press, Nueva York, 1962. [1]

Roscoe, Edwin Scott, *Organization for Production. An Introduction to Industrial Management*, Richard D. Irwin, Nueva York, 1967. [1]

Rosenberg, Nathan, *The Economics of Technological Change: Selected Readings*, Penguin Books, Harmondsworth, Middlesex, 1971. [5,6]

__________, *Inside the Black Box. Technology and Economics*, Cambridge University, Cambridge, Mass., 1982. [4]

Rowley, Charles K., *Antitrust and Economic Efficiency*, MacMillan, Londres, 1973. [5]

Rowthorn, Robert, *International Big Business, 1957-1967. A Study of Comparative Growth*, Cambridge University, Cambridge, Inglaterra, 1971. [4]

Sagafi-nejad, Tagi, *Transnational Corporations, Technology Transfer and Development: A Bibliographic Sourcebook*, Pergamon, Nueva York, 1980. [4]

Sahal, Devendra, *Research, Development and Technological Innovation: Recent, Perspectives on Management*, Lexington Books, Lexington, Mass.. 1980. [3]

Salter, W. E. G., *Productivity and Technological Change*, Cambridge University Press, Cambridge, Inglaterra, 1960. [4]

Santos, Wanderley Guilherme dos, *Serendipity em inovaç-ao organizacional*, IUPERJ, Río de Janeiro, 1974. [4]

Scherer, F. M., *The Economic Effects of Compulsory Patent Licencing*, New York University, Nueva York, 1971. [1]

___________, *The Economics of Multi-Plant Operation: an International Comparison Study*, Harvard University Press, Cambridge, Mass., 1975. [3]

___________, *Industrial Market Structure and Economic Performance*, Rand McNally, Chicago, 1973. [3]

___________, *Industrial Pricing: Theory and Evidence*, Rand McNally, Chicago, 1970. [4]

___________, *Innovation and Growth. Schumpeterian Perspectives*, MIT, Cambridge, Mass., 1984. [4]

Schmookler, Jacob, *Patents, Invention, and Economic Change: Data and Selected Essays*, Harvard University Press, Cambridge, Mass., 1972. [4]

___________, *Invention and Economic Growth*, Harvard University Press, Cambridge, Mass., 1966. [1,4,6,10]

Schumpeter, Joseph A., *Teoría del desenvolvimiento económico: una investigación sobre ganancias, capital, crédito, interés y ciclo económico*, Fondo de Cultura Económica, México, 1944. [1,5]

Science Policy Research Unit (Universidad de Sussex), *Success and Failure in Industrial Innovation: Report on Project SAPPHO*, Center for the Study of Industrial Innovation, Londres, 1972. [10]

Semmler, Willi, *Competition, Monopoly and Differential Profit Rates*, Columbia University Press, Nueva York, 1984. [10]

Sercovich, F., *Ingeniería de diseño y cambio técnico endógeno. Un enfoque microeconómico basado en la experiencia de las industrias química y petroquímica argentinas*, Programa BID/CEPAL de Investigaciones sobre Desarrollo Científico y Tecnológico en América Latina, BID-CEPAL-PNUD, 1978. [10]

__________, *Science and Technology for Development: Technology Behavior of Industrial Enterprises*, International Development Research Centre, Ottawa, Canada, 1980. [4]

Shaw, R. W., *Industry and Competition: Industrial Case Studies*, MacMillan, Londres, 1976. [3]

Sherman, Howard J., *Profits in the United States. An Introduction to a Study of Economic Concentration and Business Cycles*, Cornell University Press, Ithaca, N.Y., 1968. [1,5,6]

Sherman, Roger, *Oligopoly. An Empirical Approach*, Lexington Books, Lexington, 1974. [3]

Shubik, Martin, *Strategy and Market Structure; Competition, Oligopoly and Theory of Games*, John Wiley & Sons, Nueva York, 1959. [1]

Singer, Eugene M., *Antitrust Economics. Selected Legal Cases and Economic Models*, Prentice-Hall, Inc., Englewood Cliffs, N.J., 1968. [4]

Steindl, Joseph, *Small and Big Business. Economic Problems of the Size of Firms*, Basil Blackwell, Oxford, 1945. [1]

Stocking, George Ward, *Monopoly and Free Enterprise*, Twentieth Century Fund, Nueva York, 1951. [4]

Stoneman, Paul, *The Economic Analysis of Technological Change*, Oxford University, Oxford, Inglaterra, 1983. [4]

Sylos-Labini, Paolo, *Oligopoly and Technical Progress*, Harvard University Press, Cambridge, Mass., 1962. [1]

__________, *Oligopolio y progreso técnico*, Oikos-tau, Barcelona, España, 1966. [4,5,6]

____________, *The Forces of Economic Growth and Decline*, MIT Press, Cambridge, 1984. [3,10]

Tang, Roger Y. W., *Transfer Pricing Practices in the United States and Japan*, Praeger, Nueva York, 1979. [4]

Taylor, C. T., *Do We Still Need a Patent System?*, University of Cambridge, Department of Applied Economics, Cambridge, 1973. [4]

Tilton, John E., *International Diffusion of Technology: The Case of Semi-Conductors*, The Brookings Institution, Washington, 1971. [4]

Triffin, Robert, *Monopolistic Competition and General Equilibrium Theory*, Harvard University Press, Cambridge, 1956. [4]

U.S. Congress Office of Technology Assessment, *U.S. Industrial Competitiveness: A Comparison of Steel, Electronics and Automobiles*, United States Government Printing Office, Washington, 1981. [2]

U.S. Bureau of Labor Statistics, *Technological Trends in Major American Industry*, National Bureau of Economic Research, Princeton University Press, Princeton, 1962. [5]

United States Congress, *Temporary National Economic Committee Investigation of Concentration of Economic Power*, United States Government Printing Office, Washington, 1941. [9]

Universities-National Bureau Committee for Economic Research: *Business Concentration and Price Policy. A Conference of the Universities National Bureau Committee for Economic Research*, Princeton University Press, Princeton, 1955. [4]

Utton, Michael A., *Industrial Concentration*, Penguin, Harmondsworth, 1970. [6]

____________, *Diversification and Competition*, Cambridge University, Cambridge, 1979. [3]

Vayrynen, Raimo, *International Patent System, Transnational Corporations and Technological Dominance*, Tampere Peace Research Institute, Tampere, Finlandia, 1976. [4]

Weston, John Fred, *The Role of Mergers in the Growth of Large Firms*, University of California Press, Berkeley, 1961. [4]

Wilcox, Clair, *Competition and Monopoly in American Industry*, United States Government Printing Office, Washington, D.C., 1941. [1]

Wiles, P. J. D., *Price, Cost and Output*, Basil Blackwell, Oxford, Inglaterra, 1956. [1]

Worcester, Dean Amory, *Monopoly, Big Business, and Welfare in the Postwar United States*, University of Washington, Seattle, Wash., 1967. [1,4]

Yamey, Basil S., *Economics of Industrial Structure: Selected Readings*, Penguin Books, Harmondsworth, 1973. [6]

Zaltman, Geral, *Innovations and Organizations*, John Wiley & Sons, Nueva York, 1973. [4]

Zimmern, Bernard, *Développement de l'entreprise et innovation*, Hommes et Techniques, Puteaux, Francia, 1969. [4]

Zysman, John, *American Industry in International Competition: Government Policies and Corporate Strategies*, Cornell University Press, Ithaca, Nueva York, 1983. [2]

# PUBLICACIONES PERIÓDICAS


Aaronovitch, S. y M. C. Sawyer, "Mergers, Growth, and Concentration", *Oxford Economic Papers*, vol. 27, núm. 1, 1975.

__________, "Price Change and Oligopoly", *The Journal of Industrial Economics*, vol. 30, núm. 2, 1981.

Abernathy, William J. y Kim B. Clark, "Innovation: Mapping the Winds of Creative destruction", *Research Policy*, vol. 14, núm. 1, 1985.

Adams, William James y Janet L. Yellen, "Commodity Bundling and the Burden of Monopoly", *The Quarterly Journal of Economics*, vol. 90, p. 475, 1976

Alberts W., "Do Oligopolists Earn 'Noncompetitive' Rates of Return?", *The American Economic Review*, vol. 74, p. 624, 1984.

Alexander, Arthur J. y Bridger M. Mitchell, "Measuring Technological Change of Heterogeneous Products", *Technological Forecasting and Social Change*, vol. 27, núm. 2/3, 1985.

Allen, Beth y Martin Hellwig, "Bertrand-Edgeworth Oligopoly in Large Markets", *The Review of Economic Studies*, vol. 53, p. 175, 1986.

Allingham, M. G., "Stability of Monopoly", *Econometrica*, vol. 44, p. 601, 1976.

Archibald, G. C. y G. Rosenbluth, "The 'New' Theory of Consumer Demand and Monopolistic Competition", *The Quarterly Journal of Economics*, vol. 89, p. 569, 1975.

Armour, Henry Ogden y David J. Teece, "Vertical Integration and Technological Innovation", *The Review of Economics and Statistics*, vol. 62, p. 470, 1980.

Arndt, Johan y Julian L. Simon, "Advertising and Economies of Scale: Critical Comments on the Evidence", *The Journal of Industrial Economics*, vol. 32, núm. 2, 1983.

Arvan, L., "Sunk Capacity Costs, Long-run Fixed Costs and Entry Deterrence Under Complete and Incomplete Information", *The Rand Journal of Economics*, vol. 17, núm. 1, 1986.

Asch, Peter y Joseph J. Seneca, "Characteristics of Collusive Firms", *The Journal of Industrial Economics*, vol. 23, p. 1, 1975.

____________, "Is Collusion Profitable?", *The Review of Economics and Statistics*, vol. 58, p. 1, 1976.

Bailey E., Elizabeth, "Optimal Price Policy Following Product-Specific Technical Change", *The Journal of Industrial Economics*, vol. 28, núm. 2, 1979.

____________ y Ann F. Friedlaender, "Market Structure and Multiproduct Industries", *The Journal of Economic Literature*, vol. 20, p. 1024, 1982.

Bardhan, Pranab K., "Imports, Domestic Production, and Transnational Vertical Integration: A Theoretical Note", *Journal of Political Economy*, vol. 90, p. 1020, 1982.

Barnum, N. Howard y Lyn Squire, "Technology and Relative Economic Efficiency", *Oxford Economic Papers*, vol. 30, núm. 2, 1978.

Baron, David P. y Roger B. Myerson, "Regulating a Monopolist with Unknown Costs", *Econometrica*, vol. 50, p. 911, 1982.

Barro, Robert J. y Robert G. King, "Time-Separable Preferences and Intertemporal-Substitution Models of Business Cycles", *The Quarterly Journal of Economics*, vol. 99, p. 817, 1984.

Baseman, C., "Sustainability and the Entry Process", *The American Economic Review*, vol. 71, p. 273, 1981.

Baumol, William J., "On the Proper Cost Tests for Natural Monopoly in a Multiproduct Industry", *The American Economic Review*, vol. 67, p. 809, 1977.

__________, "Quasi Optimality: The Price We Must Pay for a Price System", *Journal of Political Economy*, vol. 87, p. 578, 1979.

__________, "Contestable Markets: An Uprising in the Theory of Industry Structure", *The American Economic Review*, vol. 72, p. 1, 1982.

__________ y Dietrich Fischer, "Cost-Minimizing Number of Firms and Determination of Industry Structure", *The Quarterly Journal of Economics*, vol. 92, p. 439, 1978.

__________ y Robert D. Willig, "Fixed Costs, Sunk Costs, Entry Barriers, and Sustainability of Monopoly", *The Quarterly Journal of Economics*, vol. 96, p. 405, 1981.

__________ y Edward N. Wolff, "On Interindustry Differences in Absolute Productivity", *Journal of Political Economy*, vol. 92, p. 1017, 1984.

__________ y Robert D. Willig, "Contestability: Developments Since the Book", *Oxford Economic Papers*, vol. 38, Suplemento noviembre, p. 9, 1986.

__________, E. E. Bailey y R. D. Willig, "Weak Invisible Hand Theorems on the Sustainability of Prices in a Multiproduct Monopoly", *The American Economic Review*, vol. 67, p. 350, 1977.

Beardsley, George y Edwin Mansfield, "Social and Private Rates of Return from Industrial Innovations", *The Quarterly Journal of Economics*, vol. 91, p. 221, 1977.

Beckenstein, A. R., "Scale Economies in the Multiplant Firm: Theory and Empirical Evidence", *The Rand Journal of Economics*, vol. 6, núm. 2, 1984.

Bental, Benjamin y Menahem Spiegel, "Horizontal Product Differentiation, Prices, and Quantity Selection of a Multi-Product Monopolist", *International Journal of Industrial Organization*, vol. 2, núm. 2, 1984.

Bernhardt, I., "Vertical Integration and Demand Variability", *The Journal of Industrial Economics*, vol. 25, núm. 3, 1977.

Berry, C. H., "Corporate Diversification and Market Structure", *The Rand Journal of Economics*, vol. 5, núm. 1, 1984.

Bessant, J. R., "Influential Factors in Manufacturing Innovation", *Research Policy*, vol. 11, núm. 2, 1982.

Bhattacharya, S. y D. Mookherjee, "Portfolio Choice in Research and Development", *The Rand Journal of Economics*, vol. 17, núm. 4, 1986.

Blair, D. R. y D. Kaserman, "Vertical Integration, Tying and Antitrust Policy", *The American Economic Review*, vol. 68, p. 397, 1978.

___________ y Thomas E. Cooper, "A Note on Vertical Integration as Entry", *International Journal of Industrial Organization*, vol. 3, núm. 2, 1985.

Bloch, Harry, "The Effect of Advertising on Competition: Comments on a Survey", *The Journal of Economic Literature*, vol. 18, p. 1063, 1980.

Bollard, Alan, "Technology, Economic Change, and Small Firms", *Lloyds Bank Review*, núm. 147, p. 42, 1982.

Bollinger, L., K. Hope y J. M. Utterback, "A Review of Literature and Hypotheses on New Technology-Based Firms", *Research Policy*, vol. 12, núm. 1, 1983.

Bosworth, D. L., "The Rate of Obsolescence of Technical Knowledge", *Journal of Industrial Economics*, vol. 26, p. 273, 1978.

___________, "The Transfer of U.S. Technology Abroad", *Research Policy*, vol. 9, núm. 4, 1980.

Bowles, S., "The Production Process in a Competitive Economy: Walrasian, Neo-Hobbesian, and Marxian Models", *The American Economic Review*, vol. 74, p. 16, 1984.

Boyer, Marcel y Michel Moreaux, "Being a Leader or a Follower: Reflections on the Distribution of Roles in Duopoly", *International Journal of Industrial Organization*, vol. 5, núm. 2, 1987.

Boyes, William J., David J. Smyth y Dennis E. Peseau, "The Measurement of Firm Size: Theory and Evidence for the United States and the United Kingdom", *The Review of Economics and Statistics*, vol. 57, p. 111, 1975.

Bresnahan, Timothy F. y Steven C. Salop, "Quantifying the Competitive Effects of Production Joint Ventures", *International Journal of Industrial Organization*, vol. 4, núm. 2, 1986.

Brock, William A., "Contestable Markets and the Theory of Industry Structure", *Journal of Political Economy*, vol. 91, p. 1055, 1983.

Bucovetsky, S. y J. Chilton, "Concurrent Renting and Selling in a Durable-Goods Monopoly Under Threat of Entry", *The Rand Journal of Economics*, vol. 17, núm. 2, 1986.

Bulow, Jeremy I. y John D. Geanakoplos, "Multimarket Oligopoly: Strategic Substitutes and Complements", *Journal of Political Economy*, vol. 93, p. 488, 1985.

Businaro, L. Ugo, "Applying the Biologigal Evolution Metaphor to Technical Innovation", *Futures*, vol. 15, núm. 6, 1983.

Butters, R. G., "A Survey of Advertising and Market Performance", *The American Economic Review*, vol. 66, p. 392, 1976.

Calvo, Guillermo A. y Stanislaw Wellisz, "Technology, Entrepreneurs, and Firm Size", *The Quarterly Journal of Economics*, vol. 95, p. 663, 1980.

Cannon, M. C., "International Trade, Concentration, and Competition in U.K. Consumer Goods Markets", *Oxford Economic Papers*, vol. 30, núm. 1, 1978.

Caplin, Andrew S. y Barry J. Nalebuff, "Multi-dimensional Product Differentiation and Price Competition", *Oxford Economic Papers*, vol. 38, Suplemento noviembre, p. 128, 1986.

Capozza, R. Dennis, "Product Differentiation and the Consistency of Monopolistic Competition: A Spatial Perspective", *The Journal of Industrial Economics*, vol. 31, núm. 1, 1982.

Carlsson, Bo, "Reflections on 'Industrial Dynamics': The Challenges Ahead", *International Journal of Industrial Organization*, vol. 5, núm. 2, 1987.

Cave, K. J. A., "A Further Comment on Preemptive Patenting and the Persistence of Monopoly", *The American Economic Review*, vol. 75, p. 256, 1985.

Caves E., Richard, "Industrial Organization, Corporate Strategy and Structure", *The Journal of Economic Literature*, vol. 18, p. 64, 1980.

___________, "International Trade and Industrial Organization: Introduction", *The Journal of Industrial Economics*, vol. 29, núm. 2, 1980.

___________ y M. E. Porter, "From Entry Barriers to Mobility Barriers", *The Quarterly Journal of Economics*, vol. 91, p. 241, 1977.

___________ y Pankaj Ghemawat, "The Decline of Dominant Firms, 1905-1929", *The Quarterly Journal of Economics*, vol. 99, p. 523, 1984.

___________, B. T. Gale y M. E. Porter, "Interfirm Profitability Differences: Comment", *The Quarterly Journal of Economics*, vol. 91, p. 667, 1977.

Clapp, John M., "Quantity Competition in Spatial Markets with Incomplete Information", *The Quarterly Journal of Economics*, vol. 100, p. 519, 1985.

Clark, Jeffrey A., "Market Structure, Risk, and Profitability: The Quiet Life Hypothesis Revisited", *The Quarterly Review of Economics and Business*, vol. 26, núm. 1, 1986.

Clarke, R. y S. W. Davies, "Aggregate Concentration, Market Concentration and Diversification", *The Economic Journal*, vol. 93, p. 182, 1983.

Coes, V. D., "Firm Output and Changes in Uncertainty", *The American Economic Review*, vol. 67, p. 249, 1977.

Coghlan, Richard y Carolyn Sykes, "Innovation in the Long Cycle", *Lloyds Bank Review*, núm. 135, p. 14, 1980.

Comanor, S. William y A. W. Thomas, "The Effect of Advertising and Competition: A Survey", *The Journal of Economic Literature*, vol. 17, p. 453, 1979.

Conlisk, John, Eitan Gerstner y Joel Sobel, "Cyclic Pricing by a Durable Goods Monopolist", *The Quarterly Journal of Economics*, vol. 99, p. 489, 1984.

Connolly, Robert A. y Mark Hirschey, "R & D, Market Structure and Profits: A Value-Based Approach", *The Review of Economics and Statistics*, vol. 66, p. 682, 1984.

Cossutta, Dario y Michele Grillo, "Excess Capacity, Sunk Costs, and Collusion: A Non-Cooperative Bargaining Game", *International Journal of Industrial Organization*, vol. 4, núm. 3, 1986.

Coursey, D., R. M. Isaac y V. L. Smith, "Market Contestability in the Presence of Sunk (Entry) Costs", *The Rand Journal of Economics*, vol. 15, núm. 1, 1984.

Crawford, Vincent y Sharon C. Rochford, "Bargaining and Competition in Matching Markets", *International Economic Review*, vol. 27, p. 329, 1986.

Cubbin, J. y G. Hall, "The Use of Real Cost as an Efficiency Measure: An Application to Merging Firms", *The Journal of Industrial Economics*, vol. 28, núm. 1, 1979.

Curry, B. y K. D. George, "Industrial Concentration: A Survey", *The Journal of Industrial Economics*, vol. 31, núm. 3, 1983.

Chambers G., R, "Scale and Productivity Measurement under Risk", *The American Economic Review*, vol. 73, p. 802, 1983.

Christofides, Louis N. y Francis Tapon, "Uncertainty, Market Structure, and Performance: The Galbraith-Caves Hypothesis Revisited", *The Quarterly Journal of Economics*, vol. 93, p. 719, 1979.

Dansby, R. E. y R. D. Willig, "Industry Performance Gradient Indexes", *The American Economic Review*, vol. 69, p. 249, 1979.

Das, P. S., "Economies of Scale, Imperfect Competition and the Pattern of Trade", *The Economic Journal*, vol. 92, p. 684, 1982.

Dasgupta Partha y Joseph E. Stiglitz, "Industrial Structure and the Nature of Innovative Activity", *The Economic Journal*, vol. 90, p. 266, 1980.

____________, "Market Structure and Resource Depletion: A Contribution to the Theory of Intertemporal Monopolistic Competition", *Journal of Economic Theory*, vol. 28, p. 128, 1982.

Daughety, Andrew F., "Regulation and Industrial Organization", *Journal of Political Economy*, vol. 92, p. 932, 1984.

Davidson, C. y R. Deneckere, "Long-run Competition in Capacity, Short-run Competition in Price and the Cournot Model", *The Rand Journal of Economics*, vol. 17, núm. 3, 1986.

Davidson, H. W. y Donald G. McFetrigde, "International Technology Transactions and the Theory of the Firm", *The Journal of Industrial Economics*, vol. 32, núm. 3, 1984.

Davies, Glyn y John Davies, "The Revolution in Monopoly Theory", *Lloyds Bank Review*, núm. 153, p. 38, 1984.

Davies, Stephen, "Measuring Industrial Concentration: An Alternative Approach", *The Review of Economics and Statistics*, vol. 62, p. 306, 1980.

Davies, S. W. y B. R. Lyons, "Seller Concentration: The Technological Explanation and Demand Uncertainty", *The Economic Journal*, vol. 92, p. 903, 1982.

DeBrock, Lawrence M. y Robert T. Masson, "Sooner or Later? Inventive Rivalry and Welfare", *International Journal of Industrial Organization*, vol. 3, núm. 4, 1985.

Demsetz, H., "Barriers to Entry", *The American Economic Review*, vol. 72, p. 47, 1982.

Desai, Ashok V., "Market Structure and Technology: Their Interdependence in Indian Industry", *Research Policy*, vol. 14, núm. 3, 1985.

Dierker, Egber, Roger Guesnerie y Wilhelm Neuefeind, "General Equilibrium When Some Firms Follow Special Pricing Rules", *Econometrica*, vol. 53, p. 1369, 1985.

Dixit, Avinash K., "The Role of Investment in Entry Deterrence", *The Economic Journal*, vol. 90, p. 95, 1980.

__________, "Recent Developments in Oligopoly Theory", *The American Economic Review*, vol. 72, p. 12, 1982.

__________ y J. Stiglitz, "Monopolistic Competition and Optimum Product Diversity", *The American Economic Review*, vol. 67, p. 297, 1977.

Dixon, R., "Industry Structure and the Speed of Price Adjustment", *The Journal of Industrial Economics*, vol. 32, núm. 1, 1983.

Domberger, S., "Price Adjustment and Market Structure", *The Economic Journal*, vol. 89, p. 1031, 1979.

Donnenfeld, Shabtai, "Market Uncertainty and the Monopolist Incentive to Innovate", *International Journal of Industrial Organization*, vol. 1, núm. 4, 1983.

Dorward, Neil, "Recent Developments in the Analysis of Spatial Competition and Their Implications for Industrial Economics", *The Journal of Industrial Economics*, vol. 31, núm. 2, 1982.

Dunning, John H., "Market Power of the Firm and International Transfer of Technology: A Historical Excursion", *International Journal of Industrial Organization*, vol. 1, núm. 4, 1983.

Eads, C. G., "Regulation and Technical Changes: Some Largely Unexplored Influences", *The American Economic Review*, vol. 70, p. 50, 1980.

Eaton, B. C. y R. G. Lipsey, "Freedom of Entry and the Existence of Pure Profit", *The Economic Journal*, vol. 88, p. 455, 1978.

____________, "Exit Barriers Are Entry Barriers: the Durability of Capital as a Barrier to Entry", *The Rand Journal of Economics*, vol. 11, núm. 2, 1980.

____________, "Capital, Commitment, and Entry Equilibrium", *The Bell Journal of Economics*, vol. 12, núm. 2, 1981.

Eaton, J. y H. Kierzkowski, "Oligopolistic Competition, Product Variety, Entry Deterrence, and Technology Transfer", *The Rand Journal of Economics*, vol. 15, núm. 1, 1984.

Economides, N., "Nash Equilibrium in Duopoly with Products Defined by Two Characteristics", *The Rand Journal of Economics*, vol. 17, núm. 3, 1986.

Edwards, Franklin R. y A. A. Heggestad, "Uncertainty, Market Structure, and Performance: The Galbraith-Caves Hypothesis Revisited: Comment", *The Quarterly Journal of Economics*, vol. 93, p. 727, 1979.

Eichner, A. S., "The Theory of the Determination of the Mark-Up Under Oligopoly: A Reply", *The Economic Journal*, vol. 85, p. 154, 1975.

Ekern, S., "On the Theory of the Firm in a Economy with Incomplete Markets: an Addendum", *The Rand Journal of Economics*, vol. 6, núm. 1, 1975.

Elliott, John E., "Schumpeter and Marx on Capitalist Transformation: Reply", *The Quarterly Journal of Economics*, vol. 98, p. 333, 1983.

Encaoua, D., Jacquemin, A. y M. Moreaux, "Global Market Power and Diversification", *The Economic Journal*, vol. 96, p. 525, 1986.

Epple, D. y A. Raviv, "Product Safety: Liability Rules, Market Structure, and Imperfect Information", *The American Economic Review*, vol. 68, p. 80, 1978.

Ernst, Dieter, "Los efectos de la microelectrónica en la restructuración mundial de la industria electrónica. Implicaciones para el Tercer Mundo", *Comercio Exterior*, vol. 34, núm. 1201, 1984.

Fama, E. F., "Perfect Competition and Optimal Production Decisions under Uncertainty.", *The Rand Journal of Economics*, vol. 3, núm. 2, 1972.

Farber, Stephen, "Buyer Market Structure and R & D Effort: A Simultaneous Equations Model", *The Review of Economics and Statistics*, vol. 63, p. 336, 1981.

Fare, Rolf y James Logan, "Regulation, Scale and Productivity: A Comment", *International Economic Review*, vol. 27, p. 777, 1986.

Farrell, J. y G. Saloner, "Installed Base and Compatibility: Innovation, Product Preannouncements, and Predation", *The American Economic Review*, vol. 76, p. 940, 1986.

Feinberg, M. Robert, "On the Measurement of Aggregate Concentration", *The Journal of Industrial Economics*, vol. 30, núm. 2, 1982.

Fethke, G. C. y J. J. Birch, "Rivalry and the Timing of Innovation", *Rand Journal of Economics*, vol. 13, núm. 1, 1982.

Findlay, Ronald, "Relative Backwardness, Direct Foreing Investment, and the Transfer of Technology: A Simple Dynamic Model", *The Quarterly Journal of Economics*, vol. 92, p. 1, 1978.

Fine, Ben, y Andy Murfin, "The Political Economy of Monopoly and Competition: A Critique of Monopoly and Stagnation Theory", *International Journal of Industrial Organization*, vol. 2, núm. 2, 1984.

Fisher, Franklin M. y Peter Temin, "The Schumpeterian Hypothesis: Reply", *Journal of Political Economy*, vol. 87, p. 386, 1979.

___________ y J. J. McGowan, "On the Misuse of Accounting Rates of Return to Infer Monopoly Profits", *The American Economic Review*, vol. 73, p. 82, 1983.

Flaherty, M. Therese, "Industry Structure and Cost-Reducing Innovation", *Econometrica*, vol. 48, p. 1187, 1980.

Flannery, Mark J., "Risk-Efficient Monopoly Pricing for the Multiproduct Firm: Comment", *The Quarterly Journal of Economics*, vol. 93, p. 737, 1979.

Foster, John Bellamy, "Theories of Capitalist Transformation: Critical Notes on the Comparison of Marx and Schumpeter: Comment", *The Quarterly Journal of Economics*, vol. 98, p. 327, 1983.

Fourgeaud, C., W. Neuefeind y E. Dierker, "Increasing Returns to Scale and Productive Systems", *Journal of Economic Theory*, vol. 13, p. 428, 1976.

Fradera, Isabel, "Perfect Competition with Product Differentation", *International Economic Review*, vol. 27, p. 529, 1986.

Friedlaender, A. F. y K. Wang, "Costs, Technology, and Productivity in the U.S. Automobile Industry", *The Rand Journal of Economics*, vol. 14, núm. 1, 1983.

Fudenberg, D. y J. Tirole, "Learning-by-Doing and Market Performance", *The Rand Journal of Economics*, vol. 14, núm. 2, 1979.

___________, "Capital as a Commitment: Strategic Investment to Deter Mobility", *Journal of Economic Theory*, vol. 31, p. 227, 1983.

Furubotn, G. Eirik, "Codetermination, Productivity Gains and the Economics of the Firm", *Oxford Economic Papers*, vol. 37, núm. 1, 1985.

Futia, C. A., "Schumpeterian Competition", *The Quarterly Journal of Economics*, vol. 94, p. 675, 1980.

Gabszewicz, J. J. y J. F. Thisse, "Entry (and Exit) in a Differentiated Industry", *Journal of Economic Theory*, vol. 22, p. 327, 1980.

__________, "On the Nature of Competition with Differentiated Products", *The Economic Journal*, vol. 96, p. 160, 1986.

Gale, Douglas, "Bargaining and Competition Part I: Characterization", *Econometrica*, vol. 54, p. 785, 1986.

__________, "Bargaining and Competition Part II: Existence", *Econometrica*, vol. 54, p. 807, 1986.

Gal-Or, Esther, "Quality and Quantity Competition", *The Rand Journal of Economics*, vol. 14, núm. 2, 1983.

__________, "Differential Industries without Entry Barriers", *Journal of Economic Theory*, vol. 37, p. 310, 1985.

__________, "Information Sharing in Oligopoly", *Econometrica*, vol. 53, p. 329, 1985.

Gee, A. M. J., "Competitive Pricing for a Spatial Industry", *Oxford Economic Papers*, vol. 37, núm. 3, 1985.

Geithman, Frederick E. y Howard P. Marvel, "Concentration, Prices, and Critical Concentration Ratios", *The Review of Economics and Statistics*, vol. 58, p. 346, 1981.

Gelfand, Matthew D. y Pablo T. Spiller, "Entry Barriers and Multiproduct Oligopolies: Do they Forebear or Spoil?", *International Journal of Industrial Organization*, vol. 5, núm. 1, 1987.

Geroski, A. P., "Interpreting a Correlation between Market Structure and Performance", *The Journal of Industrial Economics*, vol. 30, núm. 3, 1982.

___________ y R. T. Masson, "Dynamic Market Models in Industrial Organization", *International Journal of Industrial Organization*, vol. 5, núm. 1, 1987.

___________, R. T. Masson y J. Shaanan, "The Dynamics of Market Structure", *International Journal of Industrial Organization*, vol. 5, núm. 1, 1987.

Gibbons, M., R. Coombs, P. Saviotti y P. C. Stubbs, "Innovation and Technical Change: A Case Study of the U.K. Tractor Industry 1957-1977", *Research Policy*, vol. 11, núm. 5, 1982.

Gilbert, J. R. y D. M. Newbery G., "Preemptive Patenting and the Persistence of Monopoly", *The American Economic Review*, vol. 72, p. 514, 1982.

___________, "Uncertain Innovation and the Persistence of Monopoly: Comment", *The American Economic Review*, vol. 74, p. 238, 1984.

___________, "Reply", *The American Economic Review*, vol. 74, p. 251, 1984.

Gilbert, Richard y Xavier Vives, "Entry Deterrence and the Free Rider Problem", *The Review of Economic Studies*, vol. 53, p. 71, 1986.

Gisser, Micha, "Price Leadership and Dynamic Aspects of Oligopoly in U.S. Manufacturing", *Journal of Political Economy*, vol. 92, p. 1035, 1984.

Globerman, Steven, "Technological Diffusion in the Canadian Tool and Die Industry", *The Review of Economics and Statistics*, vol. 57, p. 428, 1975.

Gold, Bela, "Changing Perspectives on Size, Scale, and Returns: An Interpretative Survey", *The Journal of Economic Literature*, vol. 19, p. 5, 1981.

___________, "Technological Diffusion in Industry: Research Needs and Shortcomings", *The Journal of Industrial Economics*, vol. 29, núm. 3, 1981.

Gomulka, S., "Do New Factories Embody Practice Technology? New Evidence", *The Economic Journal*, vol. 86, p. 859, 1976.

Gorecki, K. Paul, "A Problem of Measurement. From Plants to Enterprises in the Analysis of Diversification", *The Journal of Industrial Economics*, vol. 28, núm. 3, 1980.

__________, "The Determinants of Entry by Domestic and Foreign Enterprises in Canadian Manufacturing Industries: Some Comments and Empirical Results", *The Review of Economic and Statistics*, vol. 58, p. 485, 1976.

Gort, M. y A. Konakayama, "A Model of Diffusion in the Production of an Innovation", *The American Economic Review*, vol. 72, p. 1111, 1982.

__________ y S. Klepper, "Time Paths in the Diffusion of Product Innovations", *The Economic Journal*, vol. 92, p. 630, 1982.

__________ y R. A. Wall, "The Evolution of Technologies and Investment in Innovation", *The Economic Journal*, vol. 96, p. 741, 1986.

Grabowski, H. y J. Vernon, "Longer Patents for Lower Imitation Barriers: The 1984 Drug Act", *The American Economic Review*, vol. 76, p. 195, 1986.

Greenhut, L. M. y H. Ohta, "Vertical Integration of Successive Oligopolists", *The American Economic Review*, vol. 69, p. 137, 1979.

Greening, Timothy, "Diversification, Strategic Groups and the Structure-Conduct-Performance Relationship: A Synthesis", *The Review of Economics and Statistics*, vol. 62, p. 475, 1980.

Griffin, T., "Technological Change and Craft Control in the Newspaper Industry: an International Comparison", *Cambridge Journal of Economics*, vol. 8, p. 41, 1984.

Griliches, Zvi, "Productivity, R & D and Basic Research at the Firm Level in the 1970's", *The American Economic Review*, vol. 76, p. 141, 1986.

__________ y Frank Lichtenberg, "Interindustry Technology Flows and Productivity Growth: A Re-examination", *The Review of Economics and Statistics*, vol. 66, p. 324, 1984.

Groff, Robert H. y Martin K. Perry, "Resale Price Maintenance and Forward Integration into a Monopolistically Competitive Industry", *The Quarterly Journal of Economics,* vol. 100, p. 1293, 1985.

Grossman, Sanford J., "Nash Equilibrium and the Industrial Organization of Markets with Large Fixed Costs", *Econometrica*, vol. 49, p. 1149, 1981.

Hahn, Robert W., "Market Power and Transferable Property Rights", *The Quarterly Journal of Economics,* vol. 99, p. 753, 1984.

Haig, B. D., "Do New Factories Embody Best Practice Technology?", *The Economic Journal*, vol. 85, p. 378, 1975.

Hall, Bronwyn H., Zvi Griliches y Jerry Hausman, "Patents and R & D: Is There a Lag?", *International Economic Review*, vol. 27, p. 265, 1986.

Hall, William P., "The Learning Curve, Demand Growth, and Market Concentration", *International Journal of Industrial Organization*, vol. 2, núm. 2, 1984.

Haltmaier, J., "Measuring Technical Change", *The Economic Journal*, vol. 94, p. 369, 1984.

Hannah L. y J. A. Kay, "The Contribution of Mergers to Industrial Concentration: A Reply to Professor Prais", *The Journal of Industrial Economics*, vol. 29, núm. 3, 1981.

Hannah, Timothy H., "Market Concentration and the Diffusion of New Technology in the Banking Industry", *The Review of Economics and Statistics*, vol. 66, p. 686, 1984.

Harrington, Joseph E. Jr., "Limit Pricing when the Potential Entrant is Uncertain of its Cost Function", *Econometrica*, vol. 54, p. 429, 1986.

Harris, Frederick H., "Market Structure and Price-Cost Performance Under Endogenous Profit Risk", *The Journal of Industrial Economics*, vol. 35, núm. 1, 1986.

Harris, M. y A. Raviv, "A Theory of Monopoly Pricing Schemes with Demand Uncertainty," *The American Economic Review*, vol. 71, p. 347, 1981.

Harris, Richard, "Price and Entry Regulations with Large Fixed Costs", *The Quarterly Journal of Economics*, vol. 96, p. 643, 1981.

Hart, E. P., "The Effects of Mergers on Industrial Concentration", *The Journal of Industrial Economics*, vol. 29, núm. 3, 1981.

Hart, O. D., "Perfect Competition and Optimal Product Differentiation", *Journal of Economic Theory*, vol. 22, p. 279, 1980.

__________, "Monopolistic Competition in the Spirit of Chamberlin: Special Results", *The Economic Journal*, vol. 95, p. 889, 1985.

Hause, John C. y Gunnar Du Rietz, "Entry, Industry Growth, and the Microdynamics of Industry Supply", *Journal of Political Economy*, vol. 92, p. 733, 1984.

Hay, A. D., "Sequential Entry and Entry-Deterring Strategies in Spatial Competition", *Oxford Economic Papers*, vol. 28, núm. 1, 1976.

Hendricks, Wallance, "Unionism, Oligopoly and Rigid Wages", *The Review of Economics and Statistics*, vol. 58, p. 198, 1981.

Hernández Laos, Enrique, "Productividad y desarrollo industrial en México", *Comercio Exterior*, vol. 33, núm. 679, 1983.

Hike, C. J. y P. B. Nelson, "Noisy Advertising and Predation Rule in Antitrust Analysis", *The American Economic Review*, vol. 74, p. 367, 1984.

Hillard, Michael y Richard McIntyre, "Brave New Corporate World: An Assessment of Industrial Policy", *Monthly Review*, vol. 36, núm. 5, 1985.

Hillman, Arye L., "Preemptive Rent Seeking and the Social Cost of Monopoly Power", *International Journal of Industrial Organization*, vol. 2, núm. 3, 1984.

Hippel, Eric von, "Appropriability of Innovation Benefit as a Predictor of the Source of Innovation", *Research Policy*, vol. 11, núm. 2, 1982.

Hirschey, Mark, "Intangible Capital Aspects of Advertising and R & D Expenditures", *The Journal of Industrial Economics*, vol. 30, núm. 4, 1982.

___________, "Market Power and Foreign Involvement by U.S. Multinationals", *The Review of Economics and Statistics*, vol. 64, p. 343, 1982.

Hoel, Michael, "Resource Extraction, Substitute Production and Monopoly", *Journal of Economic Theory*, vol. 19, p. 28, 1978.

___________, "Monopoly Resource Extractions Under the Presence of Predetermined Substitute Production", *Journal of Economic Theory*, vol. 30, p. 201, 1983.

Homer, Jack B., "A Diffusion Model with Application to Evolving Medical Technologies", *Technological Forecasting and Social Change*, vol. 31, núm. 3, 1987.

Honkapohja, Seppo y Vesa Kanniainen, "Adjustment Costs, Optimal Capacity Utilisation and the Corporation Tax", *Oxford Economic Papers*, vol. 37, núm. 3, 1985.

Horstmann, Ignatius y Gleen M. Mac Donald, "Patents as Information Transfer Mechanisms: To Patent or (Maybe) Not to Patent", *Journal of Political Economy*, vol. 93, p. 837, 1985.

Ireland, Norman J., "Monopolistic Competition and a Firm's Product Range", *International Journal of Industrial Organization*, vol. 1, núm. 3, 1983.

Ireland, N. y P. Stoneman, "Technological Diffusion, Expectations and Welfare", *Oxford Economic Papers*, vol. 38, p. 283, 1986.

Issac, R. Mark y Vernon L. Smith, "In Search of Predatory Pricing", *Journal of Political Economy*, vol. 93, p. 320, 1985.

Itoh, Motoshige, "Monopoly, Product Differentiation, and Economic Welfare", *Journal of economic Theory*, vol. 31, p. 88, 1983.

Jaffe, A. B., "Technological Opportunity and Spillovers of R & D: Evidence from Firms' Patents, Profits and Market Value", *The American Economic Review*, vol. 76, p. 984, 1986.

James, C., "The Technology of Risk and Return: Comment", *The American Economic Review*, vol. 71, p. 485, 1981.

Jensen, Richard, "Adoption and Diffusion of an Innovation of Uncertain Profitability", *Journal of Economic Theory*, vol. 27, p. 182, 1982.

___________, "Innovation Adoption and Diffusion When There Are Competing Innovations", *Journal of Economic Theory*, vol. 29, p. 161, 1983.

Jones, Larry E., "A Competitive Model of Commodity Differentiation", *Econometrica*, vol. 52, p. 507, 1984.

Jones, M., "Note on Oligopoly: Rival Behavior and Efficiency", *The Rand Journal of Economics*, vol. 11, núm. 2, 1980.

Joskow, P. L., "Firm Decision-Making Processes and Oligopoly Theory", *The American Economic Review*, vol. 65, p. 280, 1975.

Jovanovic, Boyan, "Selection and the Evolution of Industry", *Econometrica*, vol. 50, p. 649, 1982.

Just, R. E., and W. S. Chern, "Tomatoes, Technology, and Oligopsony", *The Rand Journal of Economics*, vol. 11, núm. 2, 1980.

Kalish, Lionel, Jerry Hartzog y Henry Cassidy, "The Threat of Entry with Mutually Aware Potential Entrants: Comment", *Journal of Political Economy*, vol. 86, p. 147, 1978.

Kamien, Morton I. y N. L. Schwartz, "Market Structure and Innovative Activity: A Survey", *Journal of Economic Literature*, vol. 13, p. 1, 1975.

__________, "The Degree of Rivalry for Maximun Innovative Activity", *The Quarterly Journal of Economics*, vol. 90, p. 245, 1976.

__________, "A Note on Resource Usage and Market Structure," *Journal of Economic Theory*, vol. 15, p. 394, 1977.

__________, "Potential Rivalry, Monopoly Profits and the Pace of Inventive Activity", *The Review of Economic Studies*, vol. 45, p. 547, 1978.

__________, "Self-Financing of an R & D Project", *The American Economic Review*, vol. 68, p. 252, 1978.

Kamin, J. Y., I. Bijaoui y R. Horesh, "Some Determinants of Cost Distributions in the Process of Technological Innovation", *Research Policy*, vol. 11, núm. 2, 1982.

Kaplinsky, Raphael, "Firm Size and Technical Change in a Dynamic Context", *The Journal of Industrial Economics*, vol. 32, núm. 1, 1983.

Katrak, Homi, "Multinational Monopolies and Comercial Policy", *Oxford Economic Papers*, vol. 29, núm. 2, 1977.

__________, "Multinational Monopolies and Monopoly Regulation", *Oxford Economic Papers*, vol. 32, núm. 3, 1980.

Katz, Michael L., "Price Discrimination and Monopolistic Competition", *Econometrica*, vol. 52, p. 1453, 1984.

__________ y C. Shapiro, "Network Externalities, Competition, and Compatibility", *The American Economic Review*, vol. 75, p. 424, 1985.

__________ y C. Shapiro, "Product Compatibility Choice in a Market with Technological Progress", *Oxford Economic Papers*, vol. 38, Suplemento noviembre, p. 145, 1986.

__________ y C. Shapiro, "Technology Adoption in the Presence of Network Externalities", *Journal of Political Economy*, vol. 94, núm. 4, 1986.

Kenney, Martin, "Schumpeterian Innovation and Entrepreneurs in Capitalism: A Case Study of the U.S. Biotechnology Industry", *Research Policy*, vol. 15, núm. 1, 1986.

Kessides, Ioannis N., "Advertising, Sunk Costs and Barriers to Entry", *The Review of Economics and Statistics*, vol. 68, p. 84, 1986.

Khalilzadesh-Shirazi, J., R. E. Caves y M. E. Porter, "Scale Economies in Statistical Analysis of Market Power", *The Review of Economics and Statistics*, vol. 57, p. 133, 1975.

Kirman, William I. y Robert T. Masson, "Capacity Signals and Entry Deterrence", *International Journal of Industrial Organization*, vol. 4, núm. 1, 1986.

Klette, T. y D. de Meza, "Is the Market Biased Against Risky R & D?", *The Rand Journal of Economics*, vol. 17, núm. 1, 1986.

Koenker, R. W. y M. K. Perry, "Product Differentiation, Monopolistic Competition and Public Policy", *The Bell Journal of Economics*, vol. 12, núm. 1, 1981.

Kohn, Meir y John T. Scott, "Scale Economics in Research and Development", *The Journal of Industrial Economics*, vol. 30, núm. 3, 1982.

Krugman, Paul A., "A Model of Innovation, Technology Transfer, and the World Distribution of Income", *Journal of Political Economy*, vol. 87, p. 253, 1979.

___________, "Scale Economies, Product Differentiation, and the Pattern of Trade", *The American Economic Review*, vol. 70, p. 950, 1980.

___________, "Intraindustry Specialization and the Gains from Trade", *Journal of Political Economy*, vol. 89, p. 959, 1981.

Kumar, S. Manmohan, "International Trade and Industrial Concentration", *Oxford Economic Papers*, vol. 37, núm. 1, 1985.

Kumar, Ravi y Mark A. Satterthwaite, "Monopolistic Competition, Aggregation of Competitive Information, and the Amount of Product Differentiation", *Journal of Economic Theory*, vol. 37, p. 32, 1985.

Kwoka, John E. Jr., "Does the Choice of Concentration Measure Really Matter?", *The Journal of Industrial Economics*, vol. 29, núm. 3, 1981.

__________, "The Effect of Market Share Distribution on Industry Performance: Reply", *The Review of Economics and Statistics*, vol. 66, p. 358, 1984.

Lall, Sanjaya, "Transnationals, Domestic Enterprises and Industrial Structure in Host LDCs: A Survey", *Oxford Economic Papers*, vol. 30, núm. 2, 1978.

__________, "Monopolistic Advantages and Foreign Involvement by U.S. Manufacturing Industry", *Oxford Economic Papers*, vol. 32, núm. 1, 1980.

__________ y N. S. Siddharthan, "The Monopolistic Advantages of Multinationals: Lessons from Foreign Investment in the U.S.", *The Economic Journal*, vol. 92, p. 668, 1982.

Lancaster, Kelvin, "Innovative Entry: Profit Hidden Beneath the Zero", *The Journal of Industrial Economics*, vol. 31, núm. 1, 1982.

Lane, W., "Product Differentiation in a Market with Endogenous Sequential Entry", *The Rand Journal of Economics*, vol. 11, núm. 1, 1980.

Lawrence, Colin y Pablo T. Spiller, "Product Diversity, Economies of Scale, and International Trade", *The Quarterly Journal of Economics*, vol. 98, p. 63, 1983.

Lazonick, William, "Factor Costs and the Diffusion of Ring Spinning in Britain Prior to World War I", *The Quarterly Journal of Economics*, vol. 96, p. 89, 1981.

Lederer, Phillip J. y Arthur P. Hurter Jr., "Competition of Firms: Discriminatory Pricing and Location", *Econometrica*, vol. 54, p. 623, 1986.

Lee, T. y L. Wilde, "Market Structure and Innovation: A Reformulation", *The Quarterly Journal of Economics*, vol. 194, p. 429, 1980.

Lee, Wayne Y., "Oligopoly and Entry", *Journal of Economic Theory*, vol. 11, p. 35, 1975.

Lemelin, Andre, "Relatedness in the Patterns of Interindustry Diversification", *The Review of Economics and Statistics*, vol. 64, p. 646, 1982.

Levin, R. C., "Technical Change, Barriers to Entry, and Market Structure", *Economica*, vol. 45, p. 347, 1978.

__________, "A New Look at the Patent System", *The American Economic Review*, vol. 76, p. 199, 1986.

__________, M. W. Cohen y C. D. Mowery, "R & D Appropriability, Opportunity Market Structure: New Evidence on Some Schumpeterian Hypotheses", *The American Economic Review*, vol. 75, p. 20, 1985.

Liebowitz, J. S., "Durability, Market Structure, and New-Used Goods Models", *The American Economic Review*, vol. 72, p. 816, 1982.

Lim, David, "On the Measurement of Capital Utilization in Less Developed Countries", *Oxford Economic Papers*, vol. 28, núm. 1, 1976.

Link, A. N., "Firm Size and Efficient Entrepreneurial Activity: A Reformulation of the Schumpeter Hypothesis", *Journal of Political Economy*, vol. 88, p. 771, 1980.

__________, "Basic Research and Productivity Increase in Manufacturing: Additional Evidence", *The American Economic Review*, vol. 71, p. 1111, 1981.

__________ y James E. Long, "The Simple Economics of Basic Scientific Research: A Test of Nelsons's Diversification Hypothesis", *The Journal of Industrial Economics*, vol. 30, núm. 1, 1981.

Loury, Glenn C., "Market Structure and Innovation", *The Quarterly Journal of Economics*, vol. 93, p. 395, 1979.

__________, "A Theory of 'Oil'igopoly: Cournot Equilibrium in Exhaustible Resource Markets with Fixed Supplies", *International Economic Review*, vol. 27, p. 285, 1986.

Lunn, John y Stephen Martin, "Market Structure, Firm Structure, and Research and Development", *Quarterly Review of Economics and Business*, vol. 26, núm. 1, 1986.

Lustgarten, Steven R., "The Impact of Buyer Concentration in Manufacturing Industries", *The Review of Economics and Statistics*, vol. 57, p. 125, 1975.

Maddigan, Ruth J., "The Measurement of Vertical Integration", *The Review of Economics and Statistics*, vol. 63, p. 328, 1981.

Mahajan, Vijay y Subhash Sharma, "A Simple Algebraic Estimation Procedure for Innovation Diffusion Models of New Product Acceptance", *Technological Forecasting and Social Change*, vol. 30, núm. 4, 1986.

__________ y Yoram Wind, "Assessing the Impact of Patent Infringement on New Product Sales", *Technological Forecasting and Social Change*, vol. 28, núm. 1, 1985.

Maidique, Modesto A. y Billie Jo Zirger, "The New Product Learning Cycle", *Research Policy*, vol. 14, núm. 6, 1985.

Mancke, Richard B., "Interfirm Profitability Differences: Reply", *The Quarterly Journal of Economics*, vol. 91, p. 677, 1977.

Mansfield, E., "Composition of R and D Expenditures: Relationship to Size of Firm, Concentration, and Innovative Output", *The Review of Economics and Statistics*, vol. 63, p. 610, 1981.

__________, "Technological Change and Market Structure: An Empirical Study", *The American Economic Review*, vol. 73, p. 205, 1983.

__________, "The R & D Tax Credit and Other Technology Policy Issues", *The American Economic Review*, vol. 76, p. 190, 1986.

__________ y Anthony Romeo, "Technology Transfer to Overseas Subsidiaries by U.S.-Based Firms", *The Quarterly Journal of Economics*, vol. 95, p. 737, 1980.

__________, M. Schwartz y S. Wagner, "Imitation Costs and Patents: An Empirical Study", *The Economic Journal*, vol. 91, p. 907, 1981.

Mariti, P. y R. H. Smiley, "Co-operative Agreements and the Organization of Industry", *The Journal of Industrial Economics*, vol. 31, núm. 4, 1983.

Mark, John, G. M. Chapman y T. Gibson, "Bioeconomics and the Theory of Niches", *Futures*, vol. 17, núm. 6, 1985.

Markusen, J. A., "Multinationals, Multi-Plant Economies and the Gains from Trade", *The Journal of International Economics*, vol. 16, p. 215, 1984.

Marlow, Michael L. y John P. Link, "Market Structure and Rivalry: New Evidence with a Non-linear Model", *The Review of Economics and Statistics*, vol. 66, p. 678, 1984.

Marris, Robin y Dennis C. Mueller, "The Corporation, Competition, and the Invisible Hand", *The Journal of Economic Literature*, vol. 18, p. 32, 1980.

Marschak, T. y R. Selten, "Restabilizing Responses, Inertia Supergames, and Oligopolistic Equilibria", *The Quarterly Journal of Economics*, vol. 92, p. 71, 1978.

Maruyama, Magoroh, "Experience Looping, Design Looping, and Concept Crossing: The Key to Succesful Product Invention, Development and Adaptation", *Futures*, vol. 17, núm. 4, 1985.

McCain, R. A., "The Characteristics of Optimal Inventions: An Isotech Approach", *The American Economic Review*, vol. 67, p. 365, 1977.

McEachern, W. A. y A. Romeo. "Stockholder Control, Uncertainty and the Allocation of Resources to Research and Development", *The Journal of Industrial Economics*, vol. 26, p. 349, 1978.

McEnally W. Richard, "Competition and Dispersion in Rates of Return: A Note", *The Journal of Industrial Economics*, vol. 25, núm. 1, 1976.

Meeks, G. y J. G. Meeks, "Profitability Measures as Indicators of Post Merger Efficiency", *The Journal of Industrial Economics*, vol. 29, núm. 3, 1981.

Metcalfe, J. S., "Impulse and Diffusion in Technical Change", *Futures*, vol. 13, núm. 5, 1981.

Meisel, B. John, "Entry, Multiple-Brand Firms and Market Share Instability", *The Journal of Industrial Economics*, vol. 29, núm. 3, 1981.

Meyer, Robert A., "Monopoly Pricing and Capacity Choice Under Uncertainty", *The American Economic Review*, vol. 65, p. 326, 1975.

__________, "Risk-Efficient Monopoly Pricing for the Multiproduct Firm", *The Quarterly Journal of Economics*, vol. 90, p. 461, 1976.

Meyer-Krahmer, Frieder, "Recent Results in Measuring Innovation Output", *Research Policy*, vol. 13, núm. 3, 1984.

Meza, David de, "Immiserising Invention: The Private and Social Returns to R & D Under Oligopoly", *International Journal of Industrial Organization*, vol. 4, núm. 4, 1986.

Milgrom, Paul y John Roberts, "Predation, Reputation, and Entry Deterrence", *Journal of Economic Theory*, vol. 27, p. 280, 1982.

Morris, D. J., *et al.*, "Strategic Behaviour and Industrial Competition: An Introduction", *Oxford Economic Papers*, vol. 38, Suplemento noviembre, p. 1, 1986.

Mowery, David C., "Innovation, Market Structure, and Government Policy in the American Semiconductor Industry: A Survey", *Research Policy*, vol. 12, núm. 4, 1983.

Mueller, Willard F. y Douglas F. Greer, "The Effect of Market Share Distribution on Industry Performance Reexamined", *The Review of Economics and Statistics*, vol. 66, p. 353, 1984.

Mulligan, James G., "Technical Change and Scale Economies Given Stochastic Demand and Production", *International Journal of Industrial Organization*, vol. 4, núm. 2, 1986.

Mussa, Michael y Sherwin Rosen, "Monopoly and Product Quality", *Journal of Economic Theory*, vol. 18, p. 301, 1978.

Nalebuff, J. B. y E. J. Stiglitz, "Information, Competition, and Markets", *The American Economic Review*, vol. 73, p. 278, 1983.

Needhman, Douglas, "Market Structure and Firms' R & D Behavior", *The Journal of Industrial Economics*, vol. 23, núm. 1, 1975.

__________, "Entry Barriers and Non-Price Aspects of Firms' Behavior", *The Journal of Industrial Economics*, vol. 25, núm. 1, 1976.

Nelson, Richard R., "The Role of Knowledge in R & D Efficiency", *The Quarterly Journal of Economics*, vol. 97, p. 453, 1982.

__________ y S. G. Winter, "Simulation of Shumpeterian Competition", *The American Economic Review*, vol. 67, p. 271, 1977.

__________ y S. G. Winter, "The Schumpeterian Tradeoff Revisited", *The American Economic Review*, vol. 72, p. 114, 1982.

__________, S. G. Winter y Herbert L. Schuette, "Technical Change in a Evolutionary Model", *The Quarterly Journal of Economics*, vol. 90, p. 90, 1976.

Newbery, David M., "Commodity Price Stabilization in Imperfect or Cartelized Markets", *Econometrica*, vol. 52, p. 563, 1984.

Nickell, S. y D. Metcalf, "Monopolistic Industries and Monopoly Profits or Are Kellogg's Cornflakes Overpriced?", *The Economic Journal*, vol. 88, p. 254, 1978.

Nishimura, G. Kiyohiko, "Rational Expectations and Price Rigidity in a Monopolistically Competitive Market", *The Review of Economic Studies*, vol. 53, p. 283, 1986.

Norman, George y Nancy K. Nichols, "Dynamic Market Strategy under Threat of Competitive Entry: An Analysis of the Pricing and Production Policies Open to the Multinational Company", *The Journal of Industrial Economics*, vol. 31, núm. 2, 1982.

Norton, Seth W. y Will Norton, Jr., "Economies of Scale and the New Technology of Daily Newspapers: A Survivors Analysis", *The Quarterly Review of Economics and Business*, vol. 26, núm. 2, 1986.

Okuno, M., A. Postlewaite y J. Roberts, "Oligopoly and Competition in Large Markets", *The American Economic Review*, vol. 70, p. 22, 1980.

Olson, Jerome y Seungmook Choi, "A Product Diffusion Model Incorporating Repeat Purchases", *Technological Forecasting and Social Change*, vol. 27, núm. 4, 1985.

Oster, S. M., "The Diffusion of Innovation among Steel Firms: The Basic Oxygen Furnace", *The Rand Journal of Economics*, vol. 13, núm. 1, 1982.

Oster, Sharon, "Intraindustry Structure and the Ease of Strategic Change", *The Review of Economics and Statistics*, vol. 64, p. 376, 1982.

Ozawa, Terutomo, "Commodity Trade and Factor Mobility: Comment", *The American Economic Review*, vol. 66, p. 668, 1976.

____________, "International Investment and Industrial Structure: New Theoretical Implications from the Japanese Experience", *Oxford Economic Papers*, vol. 31, núm. 1, 1979.

Pakes, Ariel, "Patents as Options: Some Estimates of the Value of Holding European Patents Stocks", *Econometrica*, vol. 54, p. 755, 1986.

Panagariya, A., "Variable Returns to Scale and Patterns of Specialization", *The American Economic Review*, vol. 71, p. 221, 1981.

Panzar, John C. y Robert D. Willig, "Economies of Scale in Multi-Output Production", *The Quarterly Journal of Economics*, vol. 91, p. 481, 1977.

__________, "On the Comparative Statics of a Competitive Industry with Infra-marginal Firms", *The American Economic Review*, vol. 68, p. 474, 1978.

__________, "Economies of Scale and the Profitability of Marginal-Cost Pricing: Reply", *The Quarterly Journal of Economics*, vol. 93, p. 743, 1979.

__________, "Economies of Scope", *The American Economic Review*, vol. 71, p. 268, 1981.

Pavitt, K., "R & D Patenting and Innovative Activities: A Statistical Exploration", *Research Policy*, vol. 11, núm. 1, 1982.

Perloff, Jeffrey M. y Steven S. Salop, "Firm-Specific Information, Product Differentiation and Industry Equilibrium", *Oxford Economic Papers*, vol. 38, Suplemento noviembre, p. 183, 1986.

Perrakis, Stylianos y George Warskett, "Uncertainty, Economies of Scale and Barrier to Entry", *Oxford Economic Papers*, vol. 38, Suplemento noviembre, p. 58, 1986.

Perry, K. Martin, "Scale Economies, Imperfect Competition and Public Policy", *The Journal of Industrial Economics*, vol. 32, núm. 3, 1984.

__________ y H. R. Porter, "Oligopoly and the Incentive for Horizontal Merger", *The American Economic Review*, vol. 75, p. 219, 1985.

__________ y R. H. Groff, "Trademark Licensing in a Monopolistically Competitive Industry", *The Rand Journal of Economics*, vol. 17, núm. 2, 1986.

Pettengill, S. J., "Monopolistic Competition and Optimum Product Diversity: Comment", *The American Economic Review*, vol. 69, p. 957, 1979.

Phillips, Almarin, "A Critique of Empirical Studies on the Relation Between Market Structure and Profitability", *The Journal of Industrial Economics*, vol. 24, núm. 4, 1976.

Pindyck, S. R., "Adjustment Costs, Uncertainty, and the Behavior of the Firm", *The American Economic Review*, vol. 72, p. 415, 1982.

Pitchik, Carolyn y Martin Osborne, "Price Competition in a Capacity-Constrained Duopoly", *Journal of Economic Theory*, vol. 38, p. 238, 1986.

Plott, R. Charles, "Industrial Organization Theory and Experimental Economics", *The Journal of Economic Literature*, vol. 20, p. 1485, 1982.

Postlewaite, Andrew y John Roberts, "A Note on the Stability of Large Cartels", *Econometrica*, vol. 45, p. 1877, 1977.

Prais, J. S., "The Contribution of Mergers to Industrial Concentration: What do we Know?", *The Journal of Industrial Economics*, vol. 29, p. 3, 1981.

Pratt, John W., David A. Wise y Richard Zeckhauser, "Price Differences in Almost Competitive Markets", *The Quarterly Journal of Economics*, vol. 93, p. 189, 1979.

Pryor, Frederic L., "Some Costs and Benefits of Markets: An Empirical Study", *The Quarterly Journal of Economics*, vol. 91, núm. 81, 1977.

Pugel, Thomas A., "Profitability, Concentration and the Interindustry Variation in Wages", *The Review of Economics and Statistics*, vol. 62, p. 248, 1980.

Qualls, David P., "Cyclical Wage Flexibility, Inflation, and Industrial Structure: An Alternative View and Some Empirical Evidence", *The Journal of Industrial Economics*, vol. 29, núm. 3, 1981.

Quirmbach, H. C., "The Diffusion of New Technology and the Market for an Innovation", *The Rand Journal of Economics*, vol. 17, núm. 1, 1986.

Rafiquzzaman, M., "The Optimal Patent Term Under Uncertainty", *International Journal of Industrial Organization*, vol. 5, núm. 2, 1987.

Ravenscraft, David J., "Structure-Profit Relationships at the Line of Business and Industry Level", *The Review of Economics and Statistics*, vol. 65, p. 22, 1983.

Reinganum, Jennifer F., "Dynamic Games of Innovation", *Journal of Economic Theory*, vol. 25, p. 21, 1981.

____________, "Market Structure and the Diffusion of New Technology.", *The Bell Journal of Economics*, vol. 12, núm. 2, 1981.

____________, "A Dynamic Game of R & D: Patent Protection and Competitive Behavior", *Econometrica*, vol. 50, p. 671, 1982.

____________, "Uncertain Innovation and the Persistence of Monopoly", *The American Economic Review*, vol. 63, p. 741, 1983.

____________, "Practical Implications of Game Theoretic Models of R & D", *The American Economic Review*, vol. 74, p. 61, 1984.

____________, "Reply", *The American Economic Review*, vol. 74, p. 243, 1984.

____________, "A Two-Stage Model of Research and Development with Endogenous Second-Mover Advantages", *International Journal of Industrial Organization*, vol. 3, núm. 3, 1985.

____________, "Innovation and Industry Evolution", *The Quarterly Journal of Economics*, vol. 100, p. 81, 1985.

Reynolds, Robert J., Stephen W. Salant y Sheldon Switzer, "Losses from Horizontal Merger: The Effects of an Exogenous Change in Industry Structure on Cournot-Nash Equilibrium", *The Quarterly Journal of Economics*, vol. 98, p. 185, 1983.

Reynolds, S. S., "Capacity, Output, and Sequential Entry: Comment", *The American Economic Review*, vol. 75, p. 894, 1985.

Riordan, Michael H., "Monopolistic Competition with Experience Goods", *The Quarterly Journal of Economics*, vol. 101, núm. 2, 1986.

Roberts, John, "A Signal Model of Predatory Pricing", *Oxford Economic Papers*, vol. 38, Suplemento noviembre, p. 75, 1986.

___________ y Hugo Sonnenschein, "On the Foundations of the Theory of Monopolistic Competition", *Econometrica*, vol. 45, p. 101, 1977.

Robson, Arthur J., "The Existence of Nash Equilibria in Reaction Functions for Dynamic Models of Oligopoly", *International Economic Review*, vol. 27, p. 539, 1986.

Rodríguez, Carlos Alfredo, "A Comment on Fisher and Temin on the Schumpeterian Hypothesis", *Journal of Political Economy*, vol. 87, p. 383, 1979.

Rogerson, William P., "A Note on the Incentive for a Monopolist to Increase Fixed Costs as a Barrier to Entry", *The Quarterly Journal of Economics*, vol. 99, p. 399, 1984.

Romano, Richard E. y Sanford V. Berg, "The Identification of Predatory Behavior in the Presence of Uncertainty", *International Journal of Industrial Organization*, vol. 3, núm. 2, 1985.

Romeo, Anthony A., "Interindustry and Interfirm Differences in the Rate of Diffusion of an Innovation", *The Review of Economics and Statistics*, vol. 57, p. 311, 1975.

___________, "The Rate of Imitation of a Capital-Embodied Process Innovation", *Economica*, vol. 44, p. 63, 1977.

Rosenberg B., Joel, "Research and Market Share: A Reappraisal of the Schumpeterian Hypothesis", *The Journal of Industrial Economics*, vol. 25, núm. 2, 1976.

Rosenberg, N. y C. Frischtak, "Technological Innovation and Long Waves", *Cambridge Journal of Economics*, vol. 8, p. 7, 1984.

Rosenthal, Robert W., "A Model in Which an Increase in the Number of Sellers Leads to a Higher Price", *Econometrica*, vol. 48, p. 1575, 1980.

Rothschild, R., "A Note on the Effect of Sequential Entry on Choice of Location", *The Journal of Industrial Economics*, vol. 24, núm. 4, 1976.

Rubin, P. H. y C. D. Delorme Jr., "A Theory of the Determination of the Mark-Up Under Oligopoly: A Comment", *The Economic Journal*, vol. 85, p. 148, 1975.

Salant, S. W., "Preemptive Patenting and the Persistence of Monopoly: Comment", *The American Economic Review*, vol. 74, p. 247, 1984.

Salop, S. C., "Strategic Entry Deterrence", *The American Economic Review*, vol. 69, p. 335, 1979.

Sawyer, C. Malcolm, "Collective Bargaining, Oligopoly and Macro-Economics", *Oxford Economic Papers*, vol. 34, núm. 3, 1982.

Scott, John T., "Economies of Scale and the Profitability of Marginal-Cost Pricing: A Note", *The Quarterly Journal of Economics*, vol. 93, p. 741, 1979.

__________, "The Pure Capital-Cost Barrier to Entry", *The Review of Economics and Statistics*, vol. 63, p. 444, 1981.

Schankerman, Mark, "The Effects of Double-Counting and Expensing on the Measured Returns to R & D", *The Review of Economics and Statistics*, vol. 63, p. 454, 1981.

Schott, K., "The Relations Between Industrial Research and Development and Factor Demands", *The Economic Journal*, vol. 88, p. 85, 1978.

Shapiro, Carl, "Premiums for High Quality Products as Returns to Reputations", *The Quarterly Journal of Economics*, vol. 98, p. 659, 1983.

Shapiro, Daniel y R. S. Khemani, "The Determinants of Entry and Exit Reconsidered", *International Journal of Industrial Organization*, vol. 5, núm. 1, 1987.

Scherer, F. M., "The Propensity to Patent", *International Journal of Industrial Organization*, vol. 1, núm. 1, 1983.

___________, "Inter-Industry Technology Flows and Productivity Growth", *The Review of Economics and Statistics*, vol. 64, p. 627, 1982.

Schmalensee, R., "Economies of Scale and Barriers to Entry", *Journal of Political Economy*, vol. 89, p. 1228, 1981.

___________, "Antitrust and the New Industrial Economics", *The American Economic Review*, vol. 72, p. 24, 1982.

___________, "Product Differentiation Advantages of Pioneering Brands", *The American Economic Review*, vol. 72, p. 349, 1982.

___________, "Advertising and Entry Deterrence: An Exploratory Model", *Journal of Political Economy*, vol. 91, p. 636, 1983.

Shrieves, R., "Market Structure and Innovation: A New Perspective", *The Journal of Industrial Economics*, vol. 26, p. 329, 1978.

Schwartz, Marius, "The Nature and Scope of Contestability Theory", *Oxford Economic Papers*, vol. 38, Suplemento noviembre, p. 37, 1986.

___________ y E. A. Thompson, "Divisionalization and Entry Deterrence", *The Quarterly Journal of Economics*, vol. 101, núm. 2, 1986.

Shapiro, C., "Patent Licensing and R & D Rivalry", *The American Economic Review*, vol. 75, p. 25, 1985.

Sharkey, W. W., "Existence of Sustainable Prices for Natural Monopoly Outputs", *The Bell Journal of Economics*, vol. 12, núm. 1, 1981.

Shepherd, William G., "Causes of Increased Competition in the U.S. Economy 1939-1980", *The Review of Economics and Statistics*, vol. 64, p. 613, 1982.

___________, "Contestability *vs*. Competition", *The American Economic Review*, vol. 74, p. 572, 1984.

Shubik, M., "Oligopoly Theory, Communication, and Information", *The American Economic Review*, vol. 65, p. 280, 1975.

Simon, L. Julian, "On Firm Size and Advertising Efficiency: A Comment On the Economics of Advertising", *The Journal of Economic Literature*, vol. 18, p. 1066, 1980.

Slade, Margaret E., "Conjectures, Firm Characteristics, and Market Structure: An Empirical Assessment", *International Journal of Industrial Organization*, vol. 4, núm. 4, 1986.

Smith, Ken G., "Organizational Maturation and Professional Management: An Indicator of Decline in High-Tech Firms", *Futures*, vol. 18, núm. 5, 1986.

Soete, L. y R. Turner, "Technology Diffusion and the Rate of Technical Change", *The Economic Journal*, vol. 94, p. 612, 1984.

Souder, William E. y Paul Shrivastava, "Towards a Scale for Measuring Technology in New Product Innovations", *Research Policy*, vol. 14, núm. 3, 1985.

Spence, A. Michael, "Monopoly, Quality and Regulation", *The Rand Journal of Economics*, vol. 6, núm. 2, 1975.

____________, "Informational Aspects of Market Structure: An Introduction", *The Quarterly Journal of Economics*, vol. 90, p. 591, 1976.

____________, "Entry, Capacity, Investment and Oligopolistic Pricing", *The Rand Journal of Economics*, vol. 8, núm. 2, 1977.

____________, "Notes on Advertising, Economies of Scale, and Entry Barriers", *The Quarterly Journal of Economics*, vol. 95, p. 493, 1980.

____________, "The Learning Curve and Competition", *The Bell Journal of Economics*, vol. 12, núm. 1, 1981.

____________, "Contestable Markets and the Theory of Industry Structure: A Review Article", *The Journal of Economic Literature*, vol. 21, p. 981, 1983.

__________, "Cost Reduction, Competition, and Industry Performance", *Econometrica*, vol. 52, p. 101, 1984.

__________, "Industrial Organization and Competitive Advantage in Multinational Industries", *The American Economic Review*, vol. 74, p. 356, 1984.

Spulber, D. F., "Capacity, Output, and Sequential Entry", *The American Economic Review*, vol. 71, p. 503, 1981.

__________, "Scale Economies and Existence of Sustainable Monopoly Prices", *Journal of Economic Theory*, vol. 34, p. 149, 1985.

Stahl, Konrad, "Differentiated Products, Consumer Search, and Locational Oligopoly", *The Journal of Industrial Economics*, vol. 31, núm. 1, 1982.

Stevenson, R., "Measuring Technological Bias", *The American Economic Review*, vol. 70, p. 162, 1980.

Stewart, Marion B., "Nooncoperative Oligopoly and Preemptive Innovation Without Winner-Take-All", *The Quarterly Journal of Economics*, vol. 98, p. 681, 1983.

Stiglitz, J. E., "Equilibrium in Product Markets with Imperfect Information", *The American Economic Review*, vol. 69, p. 339, 1979.

__________, "Price Rigidities and Market Structure", *The American Economic Review*, vol. 74, p. 350, 1984.

Stonebraker, Robert J., "Corporate Profits and the Risk of Entry", *The Review of Economics and Statistics*, vol. 58, p. 33, 1976.

Stoneman, P. L., "Patenting Activity: A Re-Evaluation of the Influence of Demand Pressures", *The Journal of Industrial Economics*, vol. 27, p. 385, 1979.

__________, "Intra-Firm Diffusion, Bayesian Learning and Profitability", *The Economic Journal*, vol. 91, p. 590, 1981.

___________ y N. J. Ireland, "The Role of Supply Factors in the Diffusion of New Process Technology", *The Economic Journal*, vol. 93, p. 655, 1983.

Sullivan, Timothy G., "The Cost of Capital and the Market Power of Firms", *The Review of Economics and Statistics*, vol. 60, p. 209, 1978.

___________, "The Cost of Capital and the Market Power of Firms: Reply and Correction", *The Review of Economics and Statistics*, vol. 64, p. 523, 1982.

Suslow, Valerie Y., "Commitment and Monopoly Pricing in Durable Goods Models", *International Journal of Industrial Organization*, vol. 4, núm. 4, 1986.

Sutton, J., "Vertical Product Differentation: Some Basic Themes", *The American Economic Review*, vol. 76, p. 393, 1986.

Swan, Peter L., "Product Durability Under Monopoly and Competition: Comment", *Econometrica*, vol. 45, p. 229, 1977.

Sweeney, G., "Adoption of Cost-Saving Innovations by a Regulated Firm", *The American Economic Review*, vol. 71, p. 437, 1981.

Switzer, Lorne, "The Determinants of Industrial R & D: A Funds Flow Simultaneous Equation Approach", *The Review of Economics and Statistics*, vol. 66, p. 163, 1984.

Tandon, P., "Innovation, Market Structure, and Welfare", *The American Economic Review*, vol. 74, p. 394, 1984.

Tavares de Araujo, José, "Los mercados disputables y la competencia schumpeteriana en las economías de industrialización reciente", *El Trimestre Económico*, vol. 53 (3), núm. 211, 1986.

Teece, David J., "Profiting from Technological Innovation: Implications for Integration, Collaboration, Licensing and Public Policy", *Research Policy*, vol. 15, núm. 6, 1986.

Ten Raa, Thijs, Debesh Chakraborty y J. Anthony Small, "An Alternative Treatment of Secondary Products in Input-Output Analysis", *The Review of Economics and Statistics*, vol. 66, p. 88, 1984.

Terleckvj, N. E., "What Do R & D Numbers Tell Us About Technological Change?", *The American Economic Review*, vol. 70, p. 55, 1980.

Teubal, M., "The R & D Performance Through Time of Young, High Technology Firms: Methodology and an Illustration", *Research Policy*, vol. 11, núm. 6, 1982.

Thomadakis, Stavros B., "A Value-Based Test of Profitability and Market Structure", *The Review of Economics and Statistics*, vol. 59, p. 179, 1977.

Thompson, R. S., "Diffusion of the M-Form Structure in the U.K.: Rate of Imitation, Inter-Firm and Inter-Industry Differences", *International Journal of Industrial Organization*, vol. 1, núm. 3, 1983.

Tonks, Ian, "The Demand for Information and the Diffusion of a New Product", *International Journal of Industrial Organization*, vol. 4, núm. 4, 1986.

Trejo Reyes, Saúl, "La concentración industrial en México. El tamaño mínimo eficiente y el papel de las empresas", *Comercio Exterior*, vol. 33, p. 706, 1983.

__________, "Concentración industrial y política económica en México", *Comercio Exterior*, vol. 33, p. 818, 1983.

Utton, A. M., "Large Firm Diversification in British Manufacturing Industry", *The Economic Journal*, vol. 87, p. 96, 1977.

__________, "Domestic Concentration and International Trade", *Oxford Economic Papers*, vol. 34, núm. 3, 1982.

Vander, H. J. Weide y J. H. Zalkind, "Deregulation and Oligopolistic Price-Quality Rivalry", *The American Economic Review*, vol. 71, p. 144, 1981.

Vickers, John, "Pre-Emptive Patenting, Joint Ventures, and the Persistence of Oligopoly", *International Journal of Industrial Organization*, vol. 3, núm. 3, 1985.

__________, "The Evolution of Market Structure When there is a Sequence of Innovations", *The Journal of Industrial Economics*, vol. 35, núm. 1, 1986.

Walters, A. A., "A Note on Monopoly Equilibrium", *The Economic Journal*, vol. 90, p. 161, 1980.

Waterson, M., "Vertical Integration, Variable Proportions and Oligopoly", *The Economic Journal*, vol. 92, p. 129, 1982.

__________, "Economies of Scope Within Market Frameworks", *International Journal of Industrial Organization*, vol. 1, núm. 2, 1983.

__________ y Paul Stoneman, "Employment, Technological Diffusion and Oligopoly", *International Journal of Industrial Organization*, vol. 3, núm. 3, 1985.

Weitzman, M. L., "Optimal Search for the Best Alternative", *Econometrica*, vol. 47, p. 641, 1979.

__________, "Contestable Markets: An Uprising in the Theory of Industry Structure: Comment", *The American Economic Review*, vol. 73, p. 486, 1983.

Westfield, F. M. "Vertical Integration: Does Product Price Rise or Fall?", *The American Economic Review*, vol. 71, p. 334, 1981.

Wheale, Peter R. y Ruth M. McNally, "Patent Trend Analysis: The Case of Microgenetic Engineering", *Futures*, vol. 18, núm. 5, 1986.

White, Lawrence J., "Appropriate Technology, X-Inefficiency, and a Competitive Environment: Some Evidence from Pakistan", *The Quarterly Journal of Economics*, vol. 90, p. 575, 1976.

__________, "Market Structure and Product Varieties", *The American Economic Review*, vol. 67, p. 179, 1977.

___________, "On Measuring Aggregate Concentration: A Reply", *The Journal of Industrial Economics*, vol. 30, núm. 2, 1982.

Wilson, Robert W., "The Effect of Technological Environment and Product Rivalry on R & D Effort and Licensing of Inventions", *The Review of Economics and Statistics*, vol. 59, p. 171, 1977.

Williamson, E. Oliver, "The Modern Corporation: Origins, Evolution, Attributes", *The Journal of Economic Literature*, vol. 19, p. 1537, 1981.

Willig, R. D., "Multiproduct Technology and Market Structure", *The American Economic Review*, vol. 69, p. 346, 1979.

Winn, Daryl N., "The Relations Between Rates of Return, Risk, and Market Structure", *The Quarterly Journal of Economics*, vol. 91, p. 157, 1977.

Winston, G. C., "Capacity: An Integrated Micro and Macro Analysis", *The American Economic Review*, vol. 67, p. 418, 1977.

Winters, L. A., "Price Adjustment and Market Structure: A Comment", *The Economic Journal*, vol. 91, p. 1026, 1981.

Wiseman, P., "Patenting and Inventive Activity on Synthetic Fibre Intermediates", *Research Policy*, vol. 12, núm. 6, 1983.

Wolinsky, A., "The Nature of Competition and the Scope of Firms", *The Journal of Industrial Economics*, vol. 34, núm. 3, 1986.

Woodrow, Eckard E. Jr., "A Note on the Empirical Measurement of Vertical Integration", *The Journal of Industrial Economics*, vol. 28, núm. 1, 1979.

Wright, B. D., "The Economics of Invention Incentives: Patents, Prices, and Research Contracts", *The American Economic Review*, vol. 73, p. 691, 1983.

Wright, Neil R., "Product Differentiation, Concentration, and Changes in Concentration", *The Review of Economics and Statistics*, vol. 60, p. 628, 1978.

Wu, S. Y., "An Essay on Monopoly Power and Stable Price Policy", *The American Economic Review*, vol. 69, p. 60, 1979.

Young, Leslie, "Uncertainty, Market Structure, and Resource Allocation", *Oxford Economic Papers*, vol. 31, núm. 1, 1979.

# CAPÍTULO 2

# SELECCIÓN DE TÉCNICAS, FACTORES DE PRODUCCIÓN Y PRECIOS RELATIVOS

Este capítulo de la bibliografía reúne los trabajos que analizan la selección de técnicas por parte de los productores. En términos generales, este comportamiento de los productores está regido por reglas precisas de maximización a través de las cuales deciden sobre la técnica de producción más rentable. El presupuesto lógico fundamental descansa en dos premisas: por una parte, la existencia de un conjunto de opciones tecnológicas disponibles; por la otra, los agentes conocen cada una de estas opciones. El hecho de escoger una u otra alternativa no implica un costo adicional para el productor.

En la historia del pensamiento económico, los intentos por elaborar una teoría del cambio técnico a partir de la "selección de técnicas" ocupan un lugar sumamente importante. De hecho, como veremos, este marco analítico no se identifica exclusivamente con los trabajos de inspiración neoclásica. Sin embargo, se podría afirmar que la enorme inversión de recursos que se ha hecho en este esfuerzo de investigación teórica es totalmente desproporcionada en relación con los endebles resultados obtenidos. Las razones que explican este desequilibrio son de diversa índole. Por una parte, los supuestos teóricos del análisis contradicen las enseñanzas más importantes de la historia de la técnica. Por otra, no han sido superados los problemas conceptuales enfrentados por estas investigaciones.

El rasgo fundamental de este tipo de enfoque es el considerar la técnica de producción un dato no susceptible de explicación por la teoría económica. Es decir, la tecnología está configurada *independientemente* de la dirección e intensidad de las fuerzas económicas. El fenómeno que se analiza es el de la selección entre un conjunto de técnicas que ya están disponibles; en otras palabras, la selección se lleva a cabo sobre un conjunto de técnicas desarrolladas al margen de toda consideración acerca de estructuras de precios y del estado que guarda la distribución del ingreso. Al analizar el fenómeno del *cambio técnico* (en sentido estricto), la teoría neoclásica ha intentado mantener la estructura de análisis que se utiliza para estudiar el fenómeno de la selección de técnicas y el resultado ha sido un callejón sin salida. Como veremos más adelante, este es el caso de los esfuerzos neoclásicos por elaborar una teoría del "cambio técnico inducido".

En la obra de Léon Walras, considerado como el fundador de la teoría del equilibrio general, la distribución del ingreso depende del precio de los servicios de los factores. A su vez, los precios de los servicios productores se determinan en el mercado de los productos: "es cierto que los servicios productores se compran en los mercados de estos servicios, pero también es cierto que su precio se determina en el mercado de los productos" (Walras, 1952:420). En el fondo, este enunciado de Walras revela la importancia de las interdependencias generales que forman el objeto de su análisis. En el caso de otros autores marginalistas, como Menger, los precios de los factores de la producción se determinan a través de un proceso de imputación a partir de los precios de los bienes llamados de "primer orden" (aquéllos vendidos al consumidor final).

Tanto en la obra de Walras como en la de Menger y Jevons, el concepto de productividad marginal de los factores de la producción es el elemento central para la determinación de la distribución. A la vez, este concepto desempeña un papel importante en el análisis de la selección de técnicas porque, para estos autores, la relación que mantienen los precios relativos de los factores de la producción y sus productividades marginales constituye la base del cálculo económico racional de cada productor para seleccionar la técnica más eficiente. De esta manera, basándose en las nociones de productividad marginal y de utilidad marginal, la teoría neoclásica lleva a cabo el análisis de la determinacion de los precios relativos y, simultáneamente, de la distribución del ingreso.

Es lógico que las teorías que conciben a la tecnología como una variable exógena, no puedan considerar que el problema del cambio técnico sea un tema importante. En cambio, el tema de la "selección de técnicas" absorbe toda la atención que atrae el fenómeno de las mutaciones tecnológicas. Esto se debe a que la tradición neoclásica hace hincapié en el supuesto de que el productor conoce la frontera de posibilidades tecnológicas y de que el movimiento de los precios relativos de los factores productivos le proporciona los parámetros necesarios para definir cuál es la técnica que le permite maximizar sus ganancias. Así, el fenómeno de las mutaciones tecnológicas queda reducido a un problema de substitución de factores productivos. Posteriormente, cuando el tema del crecimiento económico fue abordado con los instrumentos neoclásicos, el cambio técnico en sentido estricto se convirtió en un tema que necesariamente había que tomar en cuenta. Pero desgraciadamente, se siguió analizando con el auxilio de un supuesto simplificador que permitía concebirlo como un flujo de innovaciones, exógenamente determinadas, que se introducen a un ritmo constante.[1]

[1] Véanse, por ejemplo, las demostraciones formales como las de Uzawa (1960-1) y los trabajos de Solow (1961) y, algunos años después, los modelos de crecimiento en los

El enfoque neoclásico de la producción a nivel microeconómico se vale de varias nociones que sirven para describir la relación entre insumos y productos con el fin de analizar el problema de la selección de técnicas. Las más importantes son las nociones de función de producción y la de conjuntos de posibilidades de producción. Ambas están estrechamente vinculadas, pero en el caso de la función de producción, como indica Samuelson (1947), se ha llevado a cabo implícitamente un proceso de maximización que ha conducido al agente productor a descartar los vectores de actividad que están "dominados" por el más eficiente. De cualquier modo, en ambas nociones se considera a la tecnología *disponible* un dato del problema de maximización. En el caso de un modelo de coeficientes técnicos variables, cuando se presentan modificaciones en los precios relativos de los factores productivos, el productor responde a esta señal del mercado substituyendo entre factores. En un modelo de coeficientes técnicos fijos, la substitución se llevará a cabo a través de los mercados para los bienes destinados al consumo final.

Es interesante destacar que existe una gran analogía entre la teoría del productor y la del consumidor. El primero en observar esta analogía fue Sraffa (1975), en el contexto de su crítica a la teoría marshalliana de los rendimientos no proporcionales. Si llevamos un paso más lejos esta observación de Sraffa, podríamos decir que, al igual que el productor, el consumidor de la teoría neoclásica también enfrenta el problema de la selección de un vector de "insumos" (su canasta de bienes de consumo) en función de los precios relativos y en función de sus curvas de indiferencia que, en última instancia, representan su "tecnología" particular para producir el bien llamado "satisfacción". De esta manera, las teorías del consumo y de la producción se confunden y ambas dejan de lado el tema de la determinación de las curvas de indiferencia o de las isocuantas de producción. Estas curvas son un dato para cada uno de estos capítulos de la teoría.

La teoría neoclásica no es la única que se enfrenta infructuosamente al tema de la determinación del cambio técnico. La economía política clásica tampoco ofreció un análisis consistente del cambio técnico como fenómeno determinado por fuerzas económicas. Es más, el origen del planteamiento sobre la substitución entre "recursos productivos" a partir de movimientos en los precios relativos puede haber sido el mismo David Ricardo. De esta manera, a pesar de las profundas diferencias en lo que concierne a la teoría del valor y la articulación entre determi-

que se integran bienes de capital de generaciones sucesivas ("vintage models"). Para una reseña clásica de los trabajos sobre crecimiento y la introducción de los supuestos sobre "progreso técnico", véase Hahn y Matthews (1964).

nación de precios relativos y variables de la distribución, el fenómeno del cambio técnico es prácticamente reemplazado por el de la *substitución* entre "recursos productivos". Es conveniente examinar los enunciados de Ricardo.

Al añadir el capítulo 31 "Sobre la maquinaria" a la tercera edición de sus *Principios*, Ricardo hizo hincapié en la necesidad de estudiar las consecuencias de la mecanización en la distribución del ingreso entre las diferentes clases sociales (a través de las consecuencias en los costos de producción, los precios de las mercancías y la relación capital-trabajo). Como se sabe, el análisis de Ricardo llega a la siguiente conclusión:

> la opinión sustentada por la clase trabajadora de que el empleo de maquinaria redunda frecuentemente en detrimento de sus intereses, no se funda en el prejuicio y el error, sino que está conforme con los principios correctos de la economía política (Ricardo, 1959:292).

Pero, para suavizar el impacto de sus resultados, Ricardo añade:

> Espero que mis aseveraciones no conduzcan a inferir que no debe estimularse la maquinaria. Para dilucidar el principio, he estado suponiendo que se descubre *repentinamente* mejor maquinaria, y que se usa en forma extensiva (...) (Ricardo, 1959:294). (Subrayado en el original.)

Además, Ricardo razona de acuerdo con el supuesto de que el mecanismo del mercado funcionaría correctamente y la reducción en la dificultad de producción conduciría a la reducción de precios; así, todas las clases se verían beneficiadas. Ricardo concluye su análisis señalando que la acumulación de capital seguirá aumentando y el desempleo generado en un primer momento será reabsorbido posteriormente.

Sin embargo, un elemento del análisis de Ricardo llamó la atención y marcó una vía importante a la teoría económica. Ricardo indica que:

> Con cada incremento de capital y de población, el alimento subirá en general, porque es más difícil producirlo. La consecuencia de un alza de los alimentos será la elevación de los salarios, y cada alza tendrá tendencia a restringir el capital ahorrado en una proporción mayor que con anterioridad al empleo de maquinaria. *La maquinaria y la mano de obra están en competencia constante, y la primera puede frecuentemente no ser empleada hasta que suba la mano de obra* (*Ibid.*). (Subrayado nuestro.)

En la teoría ricardiana del valor, una variación en la distribución (por ejemplo, un aumento en los salarios) conduce a una nueva estructura de precios relativos porque, aunque no varíen las técnicas de producción, los precios de las mercancías producidas con proporciones diferentes de capital y trabajo quedan afectados de maneras distintas. Pero, más allá de esta consideración, lo que Ricardo expresa en este capítulo se refiere al efecto de los cambios en la distribución sobre la *selección* de las técnicas de producción (es decir, *antes* de que se lleve a cabo el proceso de producción). Esta proposición ha sido interpretada en términos neoclásicos como refiriéndose al análisis de la *substitución* entre capital y trabajo en el contexto de una función de producción, y no al de los *efectos* del cambio técnico. De esta manera, Ricardo contribuyó a definir un paradigma analítico centrado en el análisis de los efectos del cambio técnico sobre la distribución; sin embargo, en este marco, el cambio técnico constituye una variable exógena.

El análisis de Ricardo no pretendía explicar ni la orientación ni el ritmo de introducción del cambio técnico. En el esquema ricardiano, la "orientación" del cambio técnico queda sin explicación, pese a que tiene repercusiones importantes en la distribución del ingreso entre las clases sociales. La teoría neoclásica recogió este problema y desarrolló un importante esfuerzo analítico alrededor del mismo.

Uno de los autores que más contribuyó a recuperar el enunciado de Ricardo para reubicarlo en un contexto neoclásico fue Friedrich von Hayek (1942). Este autor utilizó los análisis acerca del capital de la escuela austriaca en el contexto de la teoría sobre los ciclos económicos para demostrar que, en última instancia, el aumento en el consumo reduce la tasa de inversión. En el transcurso de estos ciclos, von Hayek consideró que el salario real disminuye en las fases ascendentes. En estos casos, los capitalistas prefieren escoger métodos productivos que reducen el periodo de producción y son más "intensivos" en trabajo. En cambio, en las fases descendentes del ciclo, los salarios aumentan y la inversión se ve sometida a una presión contraria: los empresarios escogen técnicas que implican una ampliación del periodo de producción y son más "intensivas" en capital. Este fenómeno se produce, según Hayek, por lo que llamó el "efecto Ricardo" (i.e., la substitución de trabajo por maquinaria cuando aumenta la tasa de interés y viceversa cuando aumenta el salario).

Kaldor (1960) criticó con ironía a Hayek y rebautizó el teorema con el nombre de "efecto concertina". En la crítica de Kaldor a Hayek, el "efecto concertina" se considera inexistente o insignificante y el "efecto Ricardo" se atribuye a Wicksell.[2] Pero lo importante es que,

[2] Kaldor aclara que, para Hayek, el elemento que determina la mayor o menor utilización de maquinaria (o de trabajo) es la *tasa de ganancia por unidad de capital.* Por eso, lo que Hayek llama el "efecto Ricardo" implica que cuando la tasa de ganancia sobre el trabajo es mayor que sobre el capital, siempre será conveniente substituir máquinas por trabajadores, *independientemente* de las variaciones de precios relativos entre tra-

en todo este debate, las técnicas que corresponden a un aumento o a una reducción del periodo promedio de producción se considera que están *disponibles* a lo largo de todo el proceso.

El hecho de que estas teorías concibieran a la tecnología como una variable exógena, explica que el problema del cambio técnico no apareciera como un tema importante en ellas. Por el contrario, el tema de la "selección de técnicas" adquirió una gran importancia. Trabajando de acuerdo con los supuestos de substitución y de minimización de costos, la tradición neoclásica llegó a la conclusión de que, en el momento de llevarse a cabo una nueva inversión, la técnica que se selecciona del catálogo de técnicas disponibles (el "book of blueprints" de Joan Robinson) es aquélla cuya tasa marginal de substitución entre factores (es decir, la razón entre los productos marginales respectivos) es igual a la pendiente de la curva de precios de los factores.[3]

Numerosos autores han señalado que el fenómeno de la substitución de factores no corresponde, en sentido estricto, a la noción de cambio técnico; ésta última sólo puede aprehenderse por desplazamientos de la función de producción misma (o modificaciones en la configuración del conjunto de posibilidades de producción). Incluso el valor heurístico de la noción de función de producción para el estudio del cambio técnico ha sido objeto de serias críticas. En primer lugar, porque la noción de función de producción conlleva la idea de que la transición de una opción tecnológica a otra es continua y sin sobresaltos; de este modo, se elimina toda posibilidad de analizar las discontinuidades tecnológicas. Por otra parte, porque esta noción implica la idea de que una economía posee conocimientos sobre combinaciones de factores de producción que no corresponden con su dotación de factores. En otros términos, se considera que una economía dispone de conocimientos sobre combinaciones tecnológicas muy alejadas de los intervalos de la función que describen las proporciones predominantes en dicha economía. Por lo tanto, la construcción de una función de producción no puede responder a las interrogantes sobre los orígenes de este rango de opciones tecnológicas ni sobre la naturaleza de las fuerzas económicas que determinan su existencia. En los términos de Rosenberg (1976:63) lo único que se puede afirmar es que dichas opcio-

---

bajo y maquinaria. Pero, para Ricardo, la substitución depende exclusivamente de esta variación de precios relativos. En realidad, concluye Kaldor, el efecto al que se refiere Hayek corresponde al análisis de Wicksell (Kaldor, *op. cit.*, 157).

[3] Otros supuestos son los siguientes: los productores se comportan como simples tomadores de precios (los precios de sus productos están dados, así como los de los bienes de capital) y los salarios permanecen constantes. Además, la tasa de ganancia esperada también es un dato del análisis.

nes *pueden ser alcanzadas eventualmente*, sin que ello signifique que *estén efectivamente disponibles*.[4]

En el marco de esta descripción de las alternativas tecnológicas disponibles, el cambio tecnológico *stricto sensu* sólo puede ser captado a través de un desplazamiento de la función de producción. Sin embargo, el problema del desplazamiento de la función de producción es muy complejo y ha planteado serias dificultades al enfoque neoclásico. El tema del "cambio técnico inducido" está centrado en la cuestión de si la estructura de los precios relativos provoca o induce cambios técnicos que permitan ahorrar los insumos más caros. Después de intentar una primera "clasificación" de las innovaciones en función del problema de la participación de los factores en la distribución, Hicks (1932) presentó una teoría sobre el cambio técnico inducido por modificaciones en los precios relativos de los factores de producción. Así pues, las invenciones pertenecerían a dos grandes grupos: las "autónomas" y las "inducidas" (por los movimientos en los precios de los factores). De acuerdo con este autor:

> Un cambio en los precios relativos de los factores de producción es, en sí mismo, un incentivo a la invención, y a la invención de determinado tipo: dirigida a ahorrar el uso del factor que se ha encarecido (Hicks, 1932:124). (Nuestra traducción.)

Este tipo de enunciados generó investigaciones en el ámbito de la historia de la técnica, dirigidas a examinar las conclusiones del modelo hicksiano. El propio Hicks inauguró este camino con un breve repaso de la historia económica europea de los últimos doscientos años y llegó a la conclusión de que la inducción de cambios técnicos ahorradores de trabajo había sido más importante que la de cambios técnicos ahorradores de capital. Otros historiadores, como Habakkuk (1962) y David (1974) han trabajado sobre esta línea de investigación, pero paradójicamente han llegado a conclusiones que demuestran que los precios relativos no son ni el único ni el más importante parámetro de la generación de innovaciones.[5]

[4] Algunos autores neoclásicos han intentado abordar este problema y resolverlo señalando que la función de producción incluye todos los diseños *posibles* que pueden ser desarrollados con el acervo de conocimientos disponible. Este es el caso de W.E.G. Salter (1960) y, en otro contexto, de Hayami y Ruttan (1971) a través de su noción de "metafunción de producción". El mismo Nathan Rosenberg se ha encargado de criticar estos intentos señalando que el movimiento a lo largo de la función de producción hacia puntos que *todavía no se conocen* constituye un enunciado de gran ambigüedad, por lo menos desde el punto de vista económico.

[5] En el caso del trabajo de David (1974) se puede encontrar el eje de una vieja discusión en el ámbito de la teoría económica (discusión que está relacionada con la definición de las llamadas "trayectorias tecnológicas", sobre las cuales regresaremos en la presentación al capítulo 3). En efecto, el análisis de David parece conducir a la idea de que,

Por otra parte, el concepto de las innovaciones "inducidas" por las variaciones en los precios relativos de factores, implica que se puede representar la generación de conocimientos tecnológicos a través de una "función de generación de conocimientos", entre cuyos argumentos se encontrarían los precios relativos de los factores de producción. En este contexto, es importante recordar que Salter (1960) y Fellner (1962) criticaron los planteamientos de Hicks aludiendo a que el objetivo del productor es la minimización del costo total y no el de la reducción de un costo en particular: el incremento en la nómina puede ser contrarrestado con tecnologías menos intensivas en trabajo o en capital.[6] Con esta crítica, se le otorga nuevamente una importancia preponderante al fenómeno de la substitución entre factores en detrimento del tema del cambio técnico propiamente dicho, pero no es la única crítica que puede hacerse a los modelos de cambio técnico "inducido". Si se toman en cuenta las lecciones de las investigaciones empíricas sobre la actividad inventiva, se observará que es imposible o muy difícil predecir el resultado de la actividad de investigación y desarrollo experimental; en estas condiciones, afirmar que el resultado estará inducido por cambios en los precios relativos de factores constituye una afirmación sin fundamento.[7]

---

por razones *estrictamente* tecnológicas, hubo más cambios introducidos en las técnicas de producción de mayor intensidad relativa de capital durante la segunda mitad del siglo XIX que fueron "neutrales" (en un sentido a la Hicks, es decir, el producto marginal de los factores capital y trabajo fue afectado de manera igual) que los introducidos en las técnicas de menor intensidad relativa de capital. Resulta sorprendente que este tipo de conclusiones sean citadas con frecuencia para apoyar las conclusiones de los modelos sobre teoría de innovaciones con sesgos inducidos en las proporciones de factores por sus precios relativos. Precisamente lo que demuestra el estudio de David es que existen parámetros ingenieriles cuya flexibilidad *no* depende de los precios relativos de factores.

[6] La argumentación de Fellner se puede sintetizar como sigue: en el caso de que no exista racionamiento cuantitativo para la contratación de factores de producción, y de acuerdo con un supuesto de competencia perfecta, la teoría no puede demostrar que el mercado proporciona incentivos para buscar una combinación de insumos específica que corresponda a una distribución particular de los efectos ahorradores de factores (Fellner, 1962).

[7] Para Nelson y Winter (1982), los movimientos a lo largo de regiones inexploradas de una función de producción han de ser rechazados como concepto teórico. Pero, además, la introducción de la noción de innovación inducida como un intento de rectificar la función de producción para combinaciones remotas de insumos resulta poco convincente porque "(este) injerto supone que 'inventar' o 'hacer investigación y desarrollo experimental' es una actividad cuyo resultado puede ser predicho minuciosamente. De hecho, no existe diferencia alguna en la teoría modificada entre movimientos a lo largo de una función de producción al incrementar un tipo de capital (planta y equipo) a través de la inversión física y 'empujar hacia afuera' la función de producción al incrementar otro tipo de capital (conocimientos) a través de la inversión en IDE" (Nelson y Winter, 1982:201). En el mismo sentido, véase Rosenberg (1982), en particular el capítulo "On Technological Expectations".

Los trabajos de Kennedy (1964) y von Weizsäcker (1966) se concentraron en las "aplicaciones" de conocimientos ya disponibles en lugar de plantear el problema de los (nuevos) inventos propiamente dichos. Según este enfoque, los empresarios se comportan de acuerdo con una función de maximización de "progreso técnico" (correspondiente a una función de *maximización* de la tasa de reducción de costos unitarios) a lo largo de la "frontera de posibilidades de invención", que describe las posibilidades técnicas de producción. Esta curva representa la relación inversa entre el aumento de cada uno de los factores de producción, capital y trabajo.[8] Lo importante es que esta curva no está trazada como resultado de los precios relativos de factores de producción y, por consiguiente, el tema de la substitución de factores se convierte en el tema dominante. De este modo, los enfoques al estilo Kennedy-Weizsäcker y sus seguidores regresaron a la perspectiva de que la técnica estaba determinada exógenamente y el cambio técnico no dependía de las variaciones de los precios relativos. La teoría de las innovaciones inducidas por cambios en los precios fue dejada de lado por estos autores y se regresó al planteamiento del problema en función de la selección de técnicas.[9]

El propio Kennedy (Kennedy y Thirlwall, 1972) manifestó su insatisfacción con los resultados obtenidos al indicar que ni el modelo de competencia perfecta ni el modelo oligopólico aportan elementos para predecir el impacto del cambio técnico en la distribución. En efecto, lo único que se tiene es un conjunto de "definiciones", como la neutralidad a la Hicks o a la Harrod, que solamente sirven para posibles explicaciones *ex post* en esquemas de estática comparativa.

Frente al problema del cambio técnico la teoría neoclásica se encuentra en serias dificultades. Si considera que la tecnología es un dato para el productor, éste escoge entre diversas opciones en función de los precios relativos de factores; en este caso, el problema del cambio técnico se reduce a un simple problema de substitución de factores, pero el sesgo de la substitución quedará indeterminado porque, en el equilibrio, al productor no le interesa un tipo particular de reduccion de costos. Si considera que la tecnología es una frontera tecnológica deter-

[8] En otras palabras, la idea central de Kennedy es que sólo puede obtenerse una tasa superior de incremento del factor capital a través de una disminución de la tasa de incremento del factor trabajo.

[9] Los trabajos de Solow (1960), Arrow (1962), Levhari (1966) y Nordhaus (1967) constituyen intentos de analizar el cambio técnico como variable endógena. A pesar de su interés, dichas aportaciones adolecen de los defectos arriba señalados respecto a la noción de función de producción. Hay que añadir que en la mayoría de los modelos sobre crecimiento elaborados en esos años, el cambio técnico se introduce de manera constante y regular en el aparato económico, lo cual constituye un supuesto cuyo realismo deja mucho que desear.

minada exógenamente, con cambios a un ritmo regular y conocida por todos, tampoco hay posibilidades de elaborar una teoría acerca de cómo se genera el cambio técnico. A principios de los sesenta, se reconocieron explícitamente las carencias de este enfoque para el análisis del cambio técnico, pero se mantuvo un firme entusiasmo en sus virtudes. Blaug (1963) afirmaba, por una parte, que a pesar de las dificultades en el análisis de los desplazamientos de la función de producción, el enfoque neoclásico constituía un marco eficaz para organizar nuestros conocimientos sobre el cambio técnico y, por otra parte, había que apoyar este enfoque porque no existía ningun otro marco alternativo satisfactorio. El debate teórico que estaba iniciándose demostró que dicho entusiasmo era infundado.

Con los trabajos de Garegnani (1980, primera edición de 1960) y Sraffa (1960) se inició un periodo de intensa crítica a la teoría neoclásica, sobre todo en lo concerniente a los conceptos de capital y de productividad marginal como elementos determinantes de la distribución. Garegnani concentró su crítica en las ecuaciones de capitalización que Walras introduce en la lección 23 de sus *Elementos de economía política pura*. Para Garegnani, que Walras tome en cuenta en la lección 23 de los *Elementos de economía política pura* los bienes de capital como medios de producción producidos introduce serios problemas: el objeto de Walras era determinar el precio de equilibrio de estos bienes a partir de su costo de producción, pero este precio tenía que ser equivalente al valor capitalizado de los servicios productivos anuales que dichos bienes son susceptibles de proveer. Según Garegnani, la teoría walrasiana del equilibrio general engendra el problema siguiente: si se considera que los precios de los bienes y servicios que intervienen en la producción de los bienes de capital nuevos, así como el precio de equilibrio de sus propios servicios productores, están determinados *antes* de la evaluación del precio del capital, se llega a una sobredeterminación en lo que concierne a la tasa de ganancia.[10] De esta manera, los precios de equilibrio de los bienes de capital, entendidos como valor capitalizado de los servicios productivos aportados, quedan indeterminados porque no existe una tasa única de ganancia.

Esta crítica de Garegnani jugó un papel importante en el desarrollo teórico de los años sesenta, pero parece estar basada en una confusión entre los problemas de estabilidad y de existencia del equilibrio. De cualquier manera, fue criticada por Morishima (1964), quien demuestra que con una definición general en términos de desigualdades,

[10] En esta eventualidad, tendríamos tantas ecuaciones diferentes como bienes de capital para determinar una sola incógnita (la tasa de ganancia única que se busca).

la existencia del equilibrio está garantizada.[11] Por otra parte, los modelos neowalrasianos, del tipo Arrow-Debreu, han eliminado el problema al no contar con un concepto estricto de capital y hacer desaparecer la noción misma de tasa *uniforme* de ganancia. En realidad, dichos modelos han eliminado también la posibilidad de endogeneizar el cambio técnico incorporado en los nuevos bienes de capital producidos.

Esta crítica surgió al mismo tiempo que Sraffa publicaba su obra *Producción de mercancías por medio de mercancías*. Aunque la crítica que se pudo hacer a la teoría de la productividad marginal a partir de esta obra es de naturaleza muy distinta a la de Garegnani y en cierto sentido más fundamental, ambos trabajos produjeron un debate teórico de grandes implicaciones. En relación con el tema del cambio técnico, la obra de Sraffa permitió criticar la idea de que existe una relación inversa y monótona entre la cantidad total de capital por trabajador ocupado y el nivel de la tasa de ganancia; como resultado, la teoría neoclásica de la productividad marginal se puso a la defensiva. Un recuento minucioso del debate, desde sus orígenes en el célebre artículo de 1953-54 de Joan Robinson, se encuentra en Harcourt (1972).[12] Aunque la intensidad del debate ha disminuido, el tema de la teoría del capital en un marco neoclásico ha continuado desarrollándose y los problemas que plantea la conceptualización de la tecnología (y la selección de técnicas) siguen ocupando un lugar importante.[13]

Algunos de los trabajos editados en el primer año que cubre esta bibliografía para las publicaciones periódicas (1975) son los últimos intercambios entre los principales actores de la controversia sobre la teoría del capital.[14] Esta crítica destruye las bases de una posible teoría sobre substitución de factores en función de movimientos de sus precios relativos ya que, en un mundo de producción de mercancías por medio de insumos producidos, no existe, en general, una relación mo-

[11] Sin embargo, los aspectos relacionados con la estabilidad del equilibrio de capitalización no han sido resueltos hasta la fecha. Sobre este punto, véase una contribución reciente en D'Autume (1982).

[12] La polémica sobre la teoría del capital es sumamente pertinente para el estudioso del fenómeno de cambio técnico. En efecto, Harcourt indica tres razones importantes por las cuales la teoría del capital es importante, todas ellas vinculadas al problema del cambio técnico: primero, para el análisis del proceso de acumulación, con o sin cambio técnico; segundo, para el estudio de las contribuciones del cambio técnico y de la acumulación de capital al aumento de la productividad; tercero, para el análisis de la selección entre técnicas opcionales cuando se toman decisiones sobre inversiones.

[13] Véase por ejemplo Brown, Sato y Zarembka (1976).

[14] Véanse, por ejemplo, los artículos de Joan Robinson, P. Samuelson y D. Levhari en el *Quarterly Journal of Economics*, 1975. De este último intercambio surge el consenso de que la crítica basada en la obra de Sraffa a la teoría neoclásica de la productividad marginal es correcta.

nótona entre la tasa de interés y la relación capital/trabajo (o capital/producto).[15] Una consecuencia de lo anterior es que no existe la función de producción y tampoco un proceso de substitución entre capital y trabajo cuando varían en dirección inversa la tasa de interés y la tasa de salarios. Es importante observar que la validez de los resultados de Pasinetti (1966) y Garegnani (1966) no depende de supuestos sobre coeficientes fijos ni de la ausencia de producción conjunta.

¿Cuál es la relación entre la crítica basada en la obra de Sraffa y la teoría contemporánea del equilibrio general? Como es sabido, una de las conclusiones que se deriva de la articulación de precios y distribución en el marco de la teoría de Sraffa es que no se puede relacionar de manera unívoca el nivel de la tasa de interés con la "intensidad de capital". Ahora bien, un autor como Hahn (1981) tiene razón cuando afirma que esta crítica no se aplica a la teoría contemporánea del equilibrio general. Otro de los participantes más destacados en la controversia sobre el concepto de capital reconoce lo siguiente (Nuti, 1976:55):

> En un sistema de equilibrio general con mercancías múltiples y periodos múltiples, la problemática cuestión de la medida del capital no ofrece ninguna dificultad. El valor de un activo de capital es el valor presente de su rendimiento neto en el tiempo, i.e., el valor del flujo actualizado de los gastos y los ingresos que le están asociados. El valor del acervo de capital de una economía es el valor presente de los activos físicos reproducibles (los activos no reproducibles se clasifican como "tierra"). La acusación de que existe un supuesto implícito de capital maleable en los modelos de mercancías y periodos múltiples (Garegnani) puede ser válida para el tratamiento de Walras, pero no para las formulaciones recientes (Debreu) en donde la asignación de todos los insumos, el nivel de la producción y los precios de insumos y productos se determinan *simultáneamente*, dadas las posibilidades de transformaciones productivas, las preferencias individuales, el intercambio competitivo y la maximización de la riqueza y de la utilidad. Lo que no se puede hacer dentro de este modelo es utilizar la agregación de bienes de capital a los precios de equilibrio para construir una función agregada de producción que sea una síntesis de los estados alternativos de asignación de recursos. (Nuestra traducción.)

En otros términos, en los modelos del tipo Arrow-Debreu-Hahn, no existe un concepto de capital ni una tasa uniforme de ganancia, tampoco hay lugar para una medida agregada del capital y, como lo ha

[15] Como observa Pasinetti (1979), la teoría tradicional (i.e., neoclásica) nos ha acostumbrado a pensar que los cambios en las proporciones de insumos están inversamente relacionados con las variaciones de sus precios relativos. A partir de la obra de Sraffa se puede afirmar que no existe una relación claramente definida entre precios relativos de factores e intensidad de utilización de los mismos. Entre los autores neoclásicos más importantes que han aceptado el contenido de esta crítica se encuentra Samuelson (1966).

observado Medio (1977), tampoco existen relaciones simples entre la tasa de interés (o de salario) y determinadas características técnicas del sistema (como podrían ser la relativa escasez de capital o la intensidad de capital). En contraste con la teoría neoclásica de la productividad marginal, en estos modelos de equilibrio general no se concibe la productividad marginal del capital como un factor tecnológico definido independientemente del sistema de precios y de la tasa de interés.[16]

Ahora bien, en el marco de la teoría del equilibrio general, los productores escogen, a partir de sus conjuntos de posibilidades de producción, el vector de actividad que maximiza sus ingresos, tomando en cuenta los precios (paramétricos) de los insumos y de sus productos. Así pues, en los modelos tipo Arrow-Debreu, la tecnología también es un dato del modelo y el productor solamente tiene que escoger entre diferentes opciones de acuerdo con el vector de precios paramétricos que le anuncia el subastador. Además, el supuesto de substitución perfecta entre insumos es un presupuesto básico de los análisis de estabilidad y unicidad del equilibrio general y, con ello, los modelos tipo Arrow-Debreu (al igual que sus parientes neoclásicos) contradicen uno de los rasgos característicos más importantes de la tecnología.[17]

[16] Sin embargo, estos modelos ofrecen dificultades que todavía no han sido superadas. Una de las más importantes (identificada por el propio Hahn) se relaciona con el hecho de que las soluciones en las que el precio del dinero sea nulo serán siempre de equilibrio. No siendo posible garantizar *a priori* que un precio sea positivo, los modelos de equilibrio general siempre admiten una solución no monetaria. Por esta razón, la teoría del equilibrio general parece condenada a permanecer en los estrechos límites del análisis no monetario. Por otra parte, las dificultades más serias se encuentran en el análisis de los procesos dinámicos de formación de precios y de estabilidad, así como en las condiciones que garantizan la unicidad del equilibrio. En esta dimensión de la teoría del equilibrio general los supuestos son tan restrictivos e irrealistas que no es exagerado calificarlos de abusivos. Algunos de estos supuestos contradicen directamente el objeto de la teoría; destaca, por ejemplo, la presencia de un subastador, figura central encargada de anunciar los precios que sirven para los cálculos de los agentes, de agregar la información para calcular las demandas (ofertas) excedentes y, finalmente, de corregir los precios. Otro ejemplo es el de la necesidad de contar únicamente con bienes que son substitutos entre sí con el fin de garantizar la estabilidad del equilibrio. Este mismo supuesto es necesario para garantizar la unicidad del mismo y hay que recordar que, sin la unicidad del equilibrio, los enunciados de la estática comparada carecen de sentido. Finalmente, estas dificultades se presentan aun en los modelos de intercambio puro, sin producción.

[17] Algunos de los problemas que enfrenta esta teoría están relacionados con la formalización matemática que utiliza. Por ejemplo, los modelos neowalrasianos definen un espacio de mercancías que es isomorfo al espacio $\mathbf{R}^n$ (i.e., copias de los reales). Se suprimen así los problemas de dimensiones que surgen debido a la heterogeneidad de los bienes de capital (y de todas las mercancías). Además, la utilización del espacio de los reales introduce la divisibilidad al infinito de los insumos utilizados. Otro ejemplo es el supuesto de que los conjuntos de posibilidades de producción están dotados de la propie-

Otra de las líneas de investigación sobre el cambio tecnológico en el marco de la teoría neoclásica es la que utiliza el concepto de "X-eficiencia", introducido originalmente por Leibenstein (1966 y 1969). Este enfoque se basa en una crítica de algunos de los postulados más importantes de la teoría neoclásica. En particular, considera que la relación biunívoca entre insumos y producto (subyacente a la noción de función de producción) no corresponde a la realidad económica. Además, el postulado de que existe un comportamiento maximizador de ganancias incluso sin que haya una presión externa tampoco es realista. En consecuencia, Leibenstein (1981) considera que el postulado central de su enfoque es el siguiente: el comportamiento maximizador es una excepción a la regla y, en general, los agentes lo adoptan sólo cuando existen presiones externas extraordinarias. Este postulado está estrechamente relacionado con las nociones de "áreas inertes" (i.e., aquéllas en las que no existe una presión extraordinaria para adoptar el comportamiento maximizador), así como con la "entropía de esfuerzos" (i.e., la no coincidencia entre objetivos y organización de la empresa). De esta manera, aun cuando se admitan los supuestos sobre el comportamiento maximizador de los agentes económicos, existe un costo en términos de bienestar porque los productores no siempre introducen los cambios técnicos posibles y más rentables. Esto se debe a diversos factores que ofrecen resistencia al cambio técnico y su difusión. Por otra parte, el concepto de X-eficiencia está relacionado con una utilización ineficaz de los recursos existentes o con la falta de aprovechamiento de las posibilidades que ofrecen las mejoras en la tecnología existente debido a una administración deficiente. Estos aspectos del enfoque de Leibenstein podrían permitir un mejor tratamiento del cambio técnico y de la difusión de innovaciones. Sin embargo, ya sea en el ámbito de un análisis estático o en los trabajos con pretensiones dinámicas, el concepto exige la utilización de las funciones de producción en tanto describen el proceso de selección de técnicas y, por lo tanto, no constituye una respuesta al problema de la endogeneización del fenómeno del cambio técnico. Por otra parte, muchas de las conclusiones a las que llegan los análisis del cambio técnico basados en la noción de X-eficiencia son las mismas que las que ofrece el análisis

---

dad de convexidad. Se excluye así la posibilidad de analizar los casos de rendimientos crecientes y, de esta manera, se deja de lado uno de los rasgos característicos más importantes de la economía industrial capitalista. Varios de los trabajos incluidos en este capítulo dedican su atención a la búsqueda de opciones formales en la conceptualización del proceso de producción y de la tecnología con el fin de relajar los supuestos de convexidad. Estos trabajos se sitúan en el marco de los análisis sobre la existencia del equilibrio general o de algunas propiedades para garantizar su estabilidad.

convencional: la presión económica favorece la introducción de nuevas técnicas que reduzcan costos; un entorno protegido frena, por el contrario, la innovación.

Para concluir esta presentación del capítulo, es necesario dar las razones por las que hemos incluido en él los trabajos de la escuela neorricardiana. Ya se ha señalado que, por una parte, estos trabajos hicieron fuertes críticas a la teoría de la productividad marginal, al concepto mismo de factores de producción, a la noción de función de producción agregada y, por lo tanto, a la noción de substitución de factores. En buena medida, los fundamentos teóricos de esta crítica están sintetizados en lo que Sraffa llamó el fenómeno del "retorno de técnicas" de producción, i.e., el hecho de que una misma técnica de producción, que ha sido la más eficiente a determinado nivel de la tasa de ganancia, sea desechada cuando aumenta la tasa de ganancia y, posteriormente, se vuelva a escoger como la más eficiente a niveles todavía más altos de la tasa de ganancia.[18]

Este fenómeno, tan sorprendente para la teoría ortodoxa neoclásica, es un elemento normal de un mundo de producción a través de insumos producidos y conduce a resultados difíciles de asimilar por una parte de la teoría neoclásica. Sin embargo, es necesario preguntarse sobre las vías de análisis que ofrece la teoría de Sraffa para el estudio del fenómeno del cambio técnico. El propio Sraffa parece plantear el análisis del capítulo 12 como parte del tema general de la selección de técnicas:

> Hemos venido suponiendo que en un sistema de industrias de productos simples sólo había un modo *disponible* para producir cada mercancía, con el resultado de que las variaciones en la distribución no podían tener efecto alguno sobre los métodos de producción utilizados. Supongamos ahora que se conocen dos métodos alternativos para la producción de una de las mercancías (...) (Sraffa, 1966:115). (Subrayado nuestro.)

Independientemente de que el análisis parece que se limita nuevamente al problema de la selección de técnicas, hay que superar varias

[18] Como es sabido, la posibilidad de introducir el análisis de la selección de técnicas en un sistema de precios de producción requiere de una serie de supuestos sobre las mercancías que son producidas en ambos sistemas. Además de tratar de simplificar estos supuestos, K. Bharadwaj (1970) demostró que el número de puntos de retorno de técnicas entre dos sistemas está determinado por el número de mercancías que entran directa o indirectamente en la producción de una mercancía tomada como referencia y producida en los dos sistemas. Cabe señalar que el fenómeno del "retorno de técnicas" no es indispensable para invalidar la idea de la existencia de una relación inversa y monótona entre tasas de interés y el ordenamiento de las técnicas de producción de acuerdo a un criterio de "intensidad de capital".

dificultades antes de poder avanzar. En primer lugar, en un mundo de producción de mercancías por medio de mercancías, si la selección de técnicas es para la producción de mercancías *básicas*, se presenta un problema de comparabilidad:

> Si el producto es un producto básico, el problema se complica por la circunstancia de que cada uno de los dos métodos alternativos para producirlo implica un sistema económico distinto, con un tipo de beneficio máximo distinto. En consecuencia, parece que nos falta una base común sobre la que se pueda realizar la comparación entre ambos métodos (...) (Sraffa, 1975:116).

Debido a que existe una relación *biunívoca* entre sistemas económicos y patrones de medida, la comparación entre precios de diferentes sistemas carece de sentido pues depende de qué mercancía se escoge como patrón de medida. Dos técnicas diferentes de producción de una misma mercancía básica sólo pueden "coexistir" en los puntos de intersección de la frontera tecnológica de posibilidades de distribución del ingreso pues, en esos puntos, dos sistemas económicos tienen el mismo sistema de precios relativos.[19] Pero, Sraffa expresa:

> si ambos métodos se han de presentar como alternativos, tendrá que ser posible una comparación dentro del mismo sistema incluso a tipos de beneficio a los que ambos métodos son incompatibles (Sraffa, 1965:117).

Los supuestos necesarios para garantizar esta comparabilidad son los siguientes:

> (Supongamos) que los productos de ambos métodos son dos mercancías distintas que, sin embargo, tienen tales propiedades que, en tanto que se las puede considerar idénticas y son completamente intercambiables para todos los usos *básicos* posibles, existen otros usos *no básicos* —algunos de los cuales exigen uno, y algunos de los cuales exigen otro— de los dos productos sin posibilidad de intercambio (*Ibidem*).

Estos pasajes ponen de manifiesto lo intrincado de los supuestos que se necesitan para garantizar la comparabilidad entre dos técnicas

[19] Cada nivel de las variables de distribución se puede representar mediante un punto sobre la frontera tecnológica de posibilidades de distribución del ingreso y a cada punto se le puede asociar un vector de precios: la frontera está formada por los tramos de curvas de posibilidades de distribución del ingreso asociadas a cada una de las técnicas que se comparan y que dominan a las demás. En efecto, sobre la frontera tecnológica, se puede demostrar que, a un mismo nivel de la tasa de ganancia, el vector de precios relativos de la técnica "dominante" es inferior al de la técnica "dominada". En los puntos de intersección, los vectores de precios son iguales.

en una teoría al estilo de Sraffa. Bharadwaj (1970) y Pasinetti (1977) han demostrado que la comparabilidad de sistemas situados en la frontera tecnológica de posibilidades de distribución del ingreso puede concebirse como una comparación entre matrices de coeficientes técnicos que, en los puntos de intersección, difieren sólo en una columna (y un renglón). Esto significa que los agentes conocen métodos opcionales para la producción de sus mercancías y no necesitan comparar dos matrices tecnológicas diferentes. Sin embargo, como Bharadwaj apunta:

> el supuesto [necesario para el análisis del retorno de técnicas] de que (los) dos sistemas se componen del mismo número y tipo de mercancías básicas, pero difieren en métodos de producción es sumamente restrictivo pues es raro que dos métodos diferentes utilicen insumos y herramientas idénticos (Bharadwaj, 1970:415). (Nuestra traducción.)

Además, subsiste el problema de la definición de los agentes económicos que introducen nuevas técnicas de producción. Como el análisis de corte sraffiano se lleva a cabo a nivel de "ramas de producción", todavía tiene que demostrar que puede definir adecuadamente a los *agentes individuales* que llevan a cabo la selección entre "métodos de producción disponibles". Además, para poder analizar cómo los agentes llevan a cabo la selección *individual* de métodos de producción es necesario especificar la naturaleza y el funcionamiento de las fuerzas económicas a que están sometidos. En el párrafo de Steedman sobre selección de técnicas (1977) encontramos el enunciado siguiente:

> Frente a varios métodos de producción disponibles, (...) los capitalistas buscarán en cada industria adoptar el método que minimice costos y maximice la tasa de ganancia. Las fuerzas de la competencia conducirán, industria por industria, a la selección del método que genere la máxima tasa de ganancia uniforme en toda la economía (Steedman, 1977:64). (Nuestra traducción.)

De lo anterior se desprende que, sin una teoría adecuada del proceso de competencia intercapitalista y, por lo tanto, de la formación de precios de *mercado*, es poco lo que se puede adelantar en el análisis del cambio técnico, aun en el sentido restringido de una simple selección de técnicas disponibles. Precisamente, una aportación reciente de Steedman (1984) pone de manifiesto la dificultad de la tarea de elaborar una teoría de precios de mercado y competencia intercapitalista en un mundo sraffiano de producción de mercancías por medio de mercancías. Steedman demuestra que es imposible correlacionar positivamente las variaciones entre precios de mercado y la tasa sectorial (de mercado) de ganancia en cada rama. Este autor llega a la conclusión de que es imposible asegurar la convergencia de precios de mercado sobre una configuración de precios de producción. Sin embargo, nosotros podemos añadir otra conclusión: a los capitalistas les sería imposible seleccionar la técnica "más eficiente" porque un precio de mercado superior al precio de producción puede estar asociado a una tasa de ganancia (sectorial) inferior a la tasa natural de ganancias.

Frente a estas y otras dificultades, la tesis neorricardiana no ha podido ofrecer una teoría sobre el proceso de cambio técnico. Incluso el problema de la substitución entre recursos de producción se aborda de manera poco satisfactoria. Algunos autores, como Pasinetti (1977), acaban por observar que, si bien la substitución entre capital y trabajo no puede ser explicada a la manera de la teoría ortodoxa, esto no quiere decir que, en la realidad, no exista el fenómeno de la substitución entre estos dos recursos de producción. Sin embargo, la explicación que Pasinetti propone descansa exclusivamente en la autonomía de las orientaciones del progreso técnico y es prueba de las dificultades que enfrenta la teoría económica en el análisis del cambio técnico. Esta posición está refrendada en un trabajo posterior (Pasinetti, 1983) que en ocasiones ha sido considerado una aportación a la teoría del progreso o cambio técnico. Basta citar el pasaje siguiente para dejar claros los límites de la última aportación de este autor en este terreno:

> El progreso técnico es un fenómeno muy complejo. (...) Por su naturaleza, este proceso es lento, pero persistente. Consiste en repetidos intentos, no sólo de reorganizar los viejos métodos de producción, de utilizar más eficientemente los nuevos materiales y mejorar la calidad de los productos, sino de inventar y aplicar nuevos métodos de producción, producir nuevos productos, encontrar nuevos recursos y descubrir nuevas fuentes de energía. *Ciertamente estaría fuera de lugar aquí el desarrollar una teoría del progreso técnico. Si dicha teoría algún día se llega a desarrollar, pertenecería a un ámbito más amplio que el de la economía porque no podría evitar la introducción de concepciones sobre las metas y finalidad de la sociedad humana* (Pasinetti, 1983:67). (Nuestra traducción y nuestro subrayado.)

El análisis de Pasinetti considera que la tecnología *disponible* es un dato determinado desde el exterior; si bien considera un modelo de coeficientes técnicos flexibles, el abanico de posibilidades técnicas está determinado por fuerzas ajenas a la economía.

## Referencias

Arrow, K., "Economic Welfare and the Allocation of Resources for Invention", en *The Rate and Direction of Inventive Activity*, (R. Nelson, compilador), Princeton University Press, 1962.

Bharadwaj, K., "On the Maximum Number of Switches between Two Production Systems", *Schweizerische Zeitschrift für Volkswirtschaft und Statistik*, pp. 409-429, 1970.

Blaug, M., "A Survey of the Theory of Process-Innovations", *Economica*, febrero, 1963.

Brown, Murray, Kazuo Sato y Paul Zarembka (compiladores), *Essays in Modern Capital Theory*, North-Holland Publishing Company, 1976.

David, P., *Technical Change, Innovation and Economic Growth*, Londres, Cambridge University Press, 1974.

D'Autume, Antoine, "L'introduction du temps dans la théorie de l'équilibre général", *Cahiers d'Economie Politique*, núm. 7, 1982.

Fellner, W., "Does the Market Direct the Relative Factor-Saving Effects of Technological Progress?", en *The Rate and Direction of Inventive Activity*, (NBER), Princeton University Press, 1962.

Garegnani, P., *Le capital dans les théories de la répartition*, Grenoble, París, Presses Universitaires de Grenoble/François Maspéro, 1980. Primera edición 1960.

____________, "Switching of Techniques", *Quarterly Journal of Economics*, pp. 555-567, 1966.

Habakkuk, *American and British Technology in the Nineteenth Century*, Cambridge, Cambridge University Press, 1962.

Hahn, F. H., "General Equilibrium Theory", en *The Crisis in Economic Theory*, (Daniel Bell e Irving Kristol, compiladores), Nueva York, Basic Books, 1981.

____________ y R. C. O. Matthews, "The Theory of Economic Growth: A Survey", *Economic Journal*, vol. 74, pp. 825-832, 1964.

Harcourt, G. C., *Some Cambridge Controversies in the Theory of Capital*, Cambridge, Cambridge University Press, 1972.

Hayami, Y. y V. Ruttan, *Agricultural Development: An International Perspective*, Baltimore, Johns Hopkins Press, 1971.

Hayek, Friedrich von, "The Ricardo Effect", *Economica*, 9, núm. 34, 1942. Este artículo se encuentra reproducido en la colección de ensayos *Individualism and Economic Order*, University of Chicago Press, 1948.

Hicks, J. R., *Theory of Wages*, Nueva York, MacMillan, 1932.

Kaldor, N., *Essays on Economic Stability and Growth*, Londres, Gerald Duckworth & Co., Ltd., 1960.

Kennedy, C., "Induced Bias in Innovation and the Theory of Distribution", *The Economic Journal*, septiembre, 1964.

__________ y A. P. Thirlwall, "Technical Progress: A Survey", *The Economic Journal*, marzo, 1972.

Leibenstein, H., "Allocative Efficiency *vs.* X-Efficiency", *American Economic Review*, pp.392-415, 1966.

__________, "Organizational or Frictional Equilibria, X-Efficiency and the Rate of Innovation", *Quarterly Journal of Economics*, 1969.

__________, "Microeconomics and X-Efficiency Theory: If There Is no Crisis There Ought To Be", en *The Crisis in Economic Theory*, (Daniel Bell e Irving Kristol, compiladores), Nueva York, Basic Books, 1981.

Levhari, D., "Exponential Growth and Golden Rules in Vintage Capital Models", *Metroeconomica*, pp. 154-166, 1966.

Medio, A., "Neo-classiques, neo-ricardiens et Marx", en *Une nouvelle approche en économie politique: Essais sur Sraffa*, (Faccarello G. y Ph. de Lavergne, compiladores), París, Economica, 1977.

Morishima, Michio, *Equilibrium, Stability and Growth*, Oxford, Clarendon Press, 1964.

Nelson, R. y S. Winter, *An Evolutionary Theory of Economic Change*, Cambridge, Massachusetts, The Belknap Press of Harvard University Press, 1982.

Nordhaus, W. D., "The Optimal Rate and Direction of Technical Change", en *Essays on the Theory of Optimal Economic Growth*, (K. Shell, compilador), Cambridge, Massachusetts, 1967.

Nuti, M. D., "On the Rates of Return on Investment", en *Essays in Modern Capital Theory*, (Brown, M., K. Sato y P. Zarembka compiladores), Amsterdam, North Holland, 1976.

Pasinetti, L. L. "Changes in the Rate of Profit and Switches of Technique", *Quarterly Journal of Economics*, pp. 513-517, 1966.

__________, *Lectures on the Theory of Production*, Londres, MacMillan, 1977.

__________ *Structural Change and Economic Growth*, Cambridge, Cambridge University Press, 1983.

Ricardo, D., *Obra y correspondencia de David Ricardo*, vol. 1, *Principios de economía política y tributación*, (compilación de Sraffa), México, Fondo de Cultura Económica, 1959.

Robinson, J., "The Production Function and the Theory of Capital", *The Review of Economic Studies*, vol. 21, pp. 81-106, 1953-1954.

Rosenberg, N., *Perspectives on Technology*, Cambridge, Cambridge University Press, 1976.

__________, *Inside the Black Box. Technology and Economics*, Cambridge, Cambridge University Press, 1982.

Salter, W., *Productivity and Technical Change*, Cambridge, Cambridge University Press, 1960.

Samuelson, P. A., *Foundations of Economic Analysis*, Cambridge, Mass., Harvard University Press, 1947.

__________, "A Theory of Induced Innovation along Kennedy-Weisäcker Lines", *Review of Economics and Statistics*, noviembre, 1965.

__________, "A Summing Up", *Quarterly Journal of Economics*, vol. 80, pp. 568-583, 1966.

Solow, R. M., "Investment and Technical Progress", en *Mathematical Methods in the Social Sciences*, Stanford University, 1960.

___________, "A Note on Uzawa's Two Sector Model of Economic Growth", *Review of Economic Studies*, pp. 48-50, 1961.

Sraffa, P., "Sulle relazioni fra costo e quantità prodotta", en *Ecrits d'Economie Politique*, París, Economica, 1975. Primera publicación en *Annali di Economia*, vol. 2, núm. 1, 1925.

___________, *Producción de mercancías por medio de mercancías*, Barcelona, Oikos Tau, 1969. Primera edición 1960.

Steedman, I., *Marx After Sraffa*, Londres, New Left Books, 1977.

___________, "Natural Prices, Differential Profit Rates and the Classical Competitive Process", *The Manchester School*, junio, pp. 123-140, 1984.

Uzawa, H., "Neutral Inventions and the Stability of Growth Equilibrium", *Review of Economic Studies*, pp. 117-124, 1960/61.

Walras, L., (1952) *Eléments d'économie politique pure ou théorie de la richesse sociale*, París, Librairie Générale de Droit et de Jurisprudence. (Texto de la octava y última edición aparecida en 1900.)

Weizsäcker, C. C. von, "Tentative Notes on a Two-Sector Model with Induced Technical Progress", *Review of Economic Studies*, pp. 85-104, 1966.

# LIBROS Y DOCUMENTOS

Abraham-Frois, Gilbert, *Theory of Value, Prices and Accumulation: A Mathematical Integration of Marx, von Neuman and Sraffa*, Cambridge University, Nueva York, 1979. [4]

Amendola , Mario, *Máquinas, productividad, progreso técnico*, ISEDI, México, 1976. [3]

Anderson, Lee G., *Benefit-Cost Analysis: A Practical Guide*, Lexington Books, Lexington, Mass., 1977. [4]

Barsby, Steve L., *Cost-Benefit Analysis and Manpower Programs*, Lexington Books, Lexington, Mass., 1972. [1]

Bienefeld, Manfred, *Wages, Relative Prices and the Export of Capital*, Institute of Development Studies, University of Sussex, Brighton, 1977. [1]

Blaug, Mark, *The Cambridge Revolution: Success or Failure? A Critical Analysis of Cambridge Theories of Value and Distribution*, Institute of Economic Affairs, Londres, 1974. [4]

Bliss, C. J., *Capital Theory and the Distribution of Income*, North-Holland Publishing Company, Amsterdam y Oxford, 1975. [4]

Blitzer, Charles R., *On the Capital Rate of Discount and Price of Capital in Cost-Benefit Analysis*, International Bank for Reconstruction and Development, Washington, 1977. [4]

Boon, Gerard Karel, *Factores físicos y humanos en la producción*, Fondo de Cultura Económica, México, 1970. [3,4]

__________, *Te:hnological Progress and the International Division of Labour with Special Reference to the Metal Working Industry*, The Netherlands Technology Scientific Foundation, Noordwijkaan Zee, 1980. [4]

__________, *Technology and Sector Choice in Economic Development*, Noordhoff International, Alphenaanden Rijn, Holanda, 1978. [4]

Bosworth, Derek L., *Production Functions. A Theoretical and Empirical Study*, Lexington Books, Lexington, Mass., 1976. [4]

Brems, Hans, *Product Equilibrium Under Monopolistic Competition*, Harvard University Press, Cambridge, Mass., 1951. [1]

Brown, M., K. Sato y P. Zarembka (compiladores), *Essays in Modern Capital Theory*, North-Holland, Amsterdam y Nueva York, 1976. [4]

Bruno, Michael y Jeffrey Sachs, *Economics of Worldwide Stagflation*, Basil Blackwell, Oxford, 1985. [10]

Bruton, Henry J., *On the Production of Appropiate Technology*, Center for Development Economics, WIlliamstown, Mass., 1979. [1,4]

Burmeister, Edwin, *Capital Theory and Dynamics*, Cambridge University Press, Cambridge, 1980. [4]

__________ y A. R. Dobell, *Mathematical Theories of Economic Growth*, MacMillan, Nueva York, 1970. [4]

Centro de Estudios Educativos, *Estimación del cambio tecnológico en la productividad de la economía mexicana durante el periodo 1950-1960*, México, 1964. [4]

Conference on Labor Productivity (Cadenabbia, Italy), *Labor Productivity*, McGraw-Hill, Nueva York, 1964. [4]

Cosío-Pascal, Enrique, *Funciones de producción y medición de cambio tecnológico*, Escuela Nacional de Economía, UNAM (tesis), México, 1967. [4]

Domar, E. D., *Essays on the Theory of Economic Growth*, Oxford University Press, Nueva York, 1957. [4]

Fabricant, Solomon, *A Primer on Productivity*, Random House, Nueva York, 1969. [4]

Feinstein, C. H. (compilador), *Socialism, Capitalism, and Economic Growth*, Cambridge University Press, Nueva York, 1967. [4]

Ferguson, Charles E., *A Macroeconomic Theory of Workable Competition*, Duke University Press, Durham, Carolina del Norte, 1964. [4]

____________, *The Neoclassical Theory of Production and Distribution*, Cambridge University Press, Londres, 1970. [4]

Fidel, Julio, *Costo y beneficio de distintas opciones tecnológicas en el marco de un oligopolio diferenciado: el caso de la industria argentina*, CEPAL, Buenos Aires, 1978. [3]

Fisher, Franklin M. y Karl Shell, *The Economic Theory of Price Indices: Two Essays on the Effects of Taste, Quality and Technological Change*, Academic Press, Nueva York, 1972. [1]

Foncerrada Moreno, Juan, *La productividad de la mano de obra en la industria de la transformación*, Escuela Nacional de Economía, UNAM, México, 1960. [4]

Fourastie, Jean, *La productivité*, Presses Universitaires de France, París, 1957. [7]

Frankel, Marvin, *British and American Manufacturing Productivity. A Comparison and Interpretation*, University of Illinois, 1957. [9]

Frisch, Ragnar y Anton Kittil, *Theory of Production*, D. Reidel Pub. Co., Amsterdam, 1965. [4]

Fuchs, Victor R., *Productivity Differences Within the Service Sector*, Columbia University Press, Nueva York, 1967. [9]

Galenson, Walter, *Labor Productivity in Soviet and American Industry*, Columbia University Press, Nueva York, 1967. [9]

Giarini, Orio, *The Diminishing Returns of Technology. An Essay on the Crisis in Economic Growth*, Pergamon Press, Nueva York, 1978. [4]

Gold, Bela, *Technological Change: Economics, Management and Environment*, Pergamon Press, Oxford, Nueva York, 1975. [5]

Griliches, Zvi, *R and D, Patents and Productivity*, The University of Chicago Press, Chicago, 1984. [4]

Harcourt, Geoffrey Colin, *Capital y crecimiento*, Fondo de Cultura Económica, México, 1977. [9]

___________, *Teoría del capital: una controversia entre los dos Cambridge*, Oikos Tau, Barcelona, 1975. [4]

___________, *Some Cambridge Controversies in the Theory of Capital*, Cambridge University Press, Cambridge, Inglaterra, 1974. [4]

Harman, Alvin J., *The International Computer Industry: Innovation and Comparative Advantage*, Harvard University Press, Cambridge, Mass., 1971. [2,3]

Harrod, R. F., *Toward a Dynamic Economics*, MacMillan, Londres, 1948. [4]

Heertje, Arnold, *Economics and Technical Change*, Weidenfeld and Nicolson, Londres, 1973. [3]

Hicks, John Richard, *Valor y capital*, Fondo de Cultura Económica, México, 1945. [4]

___________, *Capital and Growth*, Clarendon Press, Oxford, 1965. [4]

___________, *Capital and Time: A Neo-Austrian Approach*, Clarendon Press, Oxford, 1973. [4]

___________, *Capital y tiempo*, Fondo de Cultura Económica, México, 1976. [4]

Hildebrand, George H., *Manufacturing Production Functions in the U.S. 1957. An Interindustry and Interstate Comparison of Productivity*, Cornell University Press, Ithaca, Nueva York, 1965. [1]

Hirshleifer, J., *Investment, Interest and Capital*, Prentice-Hall, Englewood Cliffs, N.J., 1970. [4]

Hufbauer, G., *Synthetic Materials and the Theory of International Trade*, Harvard University Press, Cambridge, Mass., 1966. [1,4]

Hosmalin, Guy, *Investissements, rentabilité et progrès technique, calculs provisionnels du profit et rythme du progrès*, Editions Genin, París, 1956. [1]

Intrilligator, M. y K. J. Arrow (compiladores), *Handbook of Mathematical Economics*, North-Holland Publishing Company, Amsterdam, 1980. [4]

Jha, Raghbendra, *Optimal Factor Proportions Under Factor-Price Uncertainty*, Williams College, Department of Economics, Williamstown, Mass., 1979. [4]

Johansen, Leif, *A Method for Separating the Effects of Capital Accumulation and Shifts in Production Functions Upon Growth in Labour Productivity*, Institute of Economics, University of Oslo, Oslo, 1961. [9]

Johnson, Harry Gordon, *Technological Change and Comparative Advantage: An Advanced Country's Viewpoint*, s.e., México, 1974. [4]

Kendrick, John W., *Understanding Productivity: An Introduction to the Dynamics of Productivity Change*, Johns Hopkins University Press, Baltimore, 1977. [2]

__________, *Postwar Productivity Trends in the U.S. 1948-1969*, National Bureau of Economic Research, Nueva York, 1973. [1,9]

__________, *Productivity in the United States: Trends and Cycles*, Johns Hopkins University Press, Baltimore, 1980. [1,2]

___________, *Productivity Trends in the United States. A Study by the National Bureau of Economic Research*, Princeton University Press, Nueva York, Princeton, 1961. [4]

___________, *New Developments in Productivity Measurement Analysis*, University of Chicago Press, Chicago, 1980. [3]

Kimizuka, Yoshiro, *Capital versus Labour High Growth*, Science Council of Japan, Division of Economics, Tokio, 1969. [9,7]

Koopmans, T. C. (compilador), *Activity Analysis of Production and Allocation*, John Wiley, Nueva York, 1951. [4]

Layard, Richard, *Análisis costo-beneficio*, Fondo de Cultura Económica, México, 1978. [4]

Leamer, Edward E., *Sources of International Comparative Advantage: Theory and Evidence*, The MIT Press, Cambridge, Mass., 1984. [3]

Leibenstein, Harvey, *Notas sobre el enfoque de la eficiencia "X" en la inflación, la productividad y el empleo*, Colegio Nacional de Economistas, México, 1980. [4]

Lissowski, Witold, *Capital-Output-Employment Ratios in Industrial Programming*, Pergamon Press, Oxford y Nueva York, 1965. [4]

Lucas, Barbara G. y Stephen Freedman, *Technology Choice and Change in Developing Countries: Internal and External Constraints*, Tycooly International Publishing, Dublín, 1983. [5]

Luke, Hugh D., *Automation for Productivity*, Becker & Hayes Publication, Nueva York, 1972. [1]

Lutz, F. A. y D. C. Hague (compiladores), *The Theory of Capital*, St. Martin's Press, Nueva York, 1961. [4]

Lynk, Edward L., *Variable Output Elasticities and Technique-specific Technical Progress: A Method of Measurement*, Institute of Social and Economic Research, Nueva York, 1980. [1]

Maier, H., *Las innovaciones y el mejor aprovechamiento de los recursos humanos*, Colegio Nacional de Economistas, México, 1980. [4]

Mansfield, Edwin, *Technological Change*, W. W. Norton & Co., Nueva York, 1971. [1,4]

___________, John Ropoport, Anthony Romeo, *et al.*, *The Production and Application of New Industrial Technology*, W. W. Norton & Company, Nueva York, 1977. [1]

Marglin, A. Stephen, *Growth, Distribution and Prices*, Harvard Univeristy Press, Cambridge, Mass., 1984. [4]

Melman, Seymour, *Dynamic Factors in Industrial Productivity*, Basil Blackwell, Oxford, Inglaterra, 1956. [1]

___________, *Los factores dinámicos de la productividad industrial*, Fondo de Cultura Económica, México, 1962. [3,4,6,9]

Mills, Frederick Cecil, *Productivity and Economic Progress*, National Bureau of Economic Research, Nueva York, 1952. [1]

Minhas, Bagicha Singh, *An International Comparison of Factor Costs and Factor Use*, North-Holland Publishing Company, Amsterdam, 1963. [4]

Morley, Samuel A. y Gordon W. Smith, *The Choice of Technology. Multinational Firms in Brazil*, Rice University, Houston, 1974. [1]

Nabseth, L. y G. Ray, *The Diffusion of New Industrial Processes: An International Study*, Cambridge University Press, Cambridge, 1974. [3,5]

Nadiri, Ishaq, *A Disequilibrium Model of Demand for Factors of Production*, Columbia University Press, Nueva York, 1974. [4]

Organización Internacional del Trabajo, *Aumento de la productividad en las industrias manufactureras*, Organización Internacional del Trabajo, Ginebra, 1965. [9]

__________, *El aumento de la productividad; conclusiones de tres reuniones internacionales de expertos*, Organización Internacional del Trabajo, Ginebra, 1959. [9]

__________, *Productividad*, Organización Internacional del Trabajo, Ginebra, 1954. [9]

__________, *Las empresas multinacionales en los países en desarrollo: Elección de tecnologías y generación de empleo*, Organización Internacional del Trabajo, Ginebra, 1984. [8]

Olgaard, Anders, *Growth, Productivity and Relative Prices*, North-Holland Publishing Company, Amsterdam, 1966. [1,9]

Oliveira, Ernesto Luis de, *Productividade: aspecto tecnológico, contribuicao para estudo*, Universidade do Brasil, Instituto de Ciencias Sociais, Río de Janeiro, Brasil, 1960. [4,9]

O'Neiel, Gerard K., *The Technology Edge: Opportunities for America in World Competition*, Simon and Schuster, Nueva York, 1983. [2]

Parker, J. E. S., *The Economics of Innovation*, Longman, Londres, 1978. [4]

Pasinetti, L. L., *Lectures on the Theory of Production*, MacMillan, Londres, 1977. [1,4]

__________ (compilador), *Essays on the Theory of Joint Production*, MacMillan, Londres, 1980. [4]

Pearce, D. W., *Cost-Benefit Analysis*, MacMillan, Londres, 1971. [1]

__________ y Nash, C. A., *The Social Appraisal of Projects: A Text in Cost-Benefit Analysis*, MacMillan, Londres, 1981. [1]

Pratten, C. F., *Labour Productivity Differentials within International Companies*, Cambridge University Press, Cambridge, 1976. [1]

Roman, Zoltan, *Productivity and Economic Growth*, Akademiai Kiado, Budapest, 1982. [3]

Rosenberg, Nathan (compilador), *The Economics of Technological Change*, Penguin Books, Harmondsworth, Inglaterra, 1971. [5,6]

__________ (compilador), *Economía del cambio tecnológico*, Fondo de Cultura Económica, México, 1979. [1,3,4,5,9]

__________, *Perspectives on Technology*, Cambridge University Press, Nueva York, 1976. [2,4]

Rymes, Thomas K., *On Concepts of Capital and Technical Change*, Cambridge University Press, Cambridge, Inglaterra, 1971. [3,4]

Salter, W. E. G., *Productivity and Technological Change*, Cambridge University Press, Cambridge, Inglaterra, 1960. [4]

__________, *Productivity and Technical Change. With an Addendum*, W. B. Reddaway, Cambridge, Inglaterra, 1966. [1,3,5,6]

Satet, Robert, *Productividad y organización científica del trabajo*, Dirección y Productividad, Barcelona, 1965. [1]

Scott, J. A., *The Measurement of Industrial Efficiency*, Isaac Pitman & Sons, Ltd., Londres, 1950. [9]

Schmedtje, Jochen K., *On Estimating the Economic Cost of Capital (With Special Reference to Developing Countries)*, International Bank for Reconstruction and Development, Washington, 1965. [9]

Sen, Amartya K., *Choice of Techniques: An Aspect of the Theory of Planned Economic Development*, Basil Blackwell, Oxford, 1962. [3,4]

__________, *La selección de técnicas: Un aspecto de la teoría del desarrollo económico planificado*, Fondo de Cultura Económica, México, 1969. [5,7]

__________ (compilador), *Growth Economics*, Penguin Books, Baltimore, 1970. [4]

__________, *Employment, Technology and Development*, Clarendon Press, Oxford, 1975. [3,5]

___________, *Tecnología y empleo en la industria*, Organización Internacional del Trabajo, Ginebra, 1975. [8]

Sercovich, Francisco C., *Science and Technology for Development: Case Studies on Technical Change*, International Development Research Center, Ottawa, Canadá, 1980. [4]

Shell, Karl (compilador), *Essays on the Theory of Optimal Economic Growth*, The MIT Press, Cambridge, Massachusetts, 1967. [4]

Siegel, Irving H., *Concepts and Measurement of Production and Productivity*, Bureau of Labor Statistics, Washington, 1952. [9]

Singh, S. K., *Aggregate Production Function: Causes of Growth and Measures of Dynamic Efficiency*, Banco Mundial, Washington, 1973. [4]

Solow, Robert M., *Capital Theory and the Rate of Return*, North-Holland Publishing Company, Amsterdam, 1963. [4]

Somers, Gerald G.y Edward L. Cushman, *Adjusting to Technological Change*, Harper & Row, Nueva York, 1963. [1]

Sraffa, Piero, *Production of Commodities by Means of Commodities: Prelude to a Critique of Economic Theory*, Cambridge University Press, Cambridge, 1960. [4]

Stewart, Frances, *Technology and Underdevelopment*, MacMillan, Londres, 1978. [5,10]

Stigler, George J., *Trends in Output and Employment*, National Bureau of Economic Research, Nueva York, 1947. [1]

___________, *Capital and Rates of Return in Manufacturing Industries*, Princeton University Press, Princeton, N.J., 1963. [9]

Stoneman, Paul, *The Economic Analysis of Technological Change*, Oxford University Press, Oxford, Inglaterra, 1983. [4]

Thirtle, Colin G. y Vernon W. Ruttan, *The Role of Demand and Supply in the Generation and Diffusion of Technical Change*, Economic Development Center, University of Minnesota, Bulletin number 86-5, 1986. [10]

Trejo Reyes, Saúl, *Industrialización y empleo en México*, Fondo de Cultura Económica, México, 1973. [4]

Tsiang, Sho-Chieh, *The Variations of Real Wages and Profit Margins in Relation to the Trade Cycle*, Isaac Pitman & Sons, Londres, 1947. [1]

U. S. Congress, Joint Economic Committee, *Productivity, Prices and Incomes*, United States Government Printing Office, Washington D.C., 1957. [9]

Usher, Dan, *The Measurement of Capital*, University of Chicago Press, Chicago y Londres, 1980. [4]

Vernon, Raymond, *The Technology Factor in International Trade*, National Bureau of Economic Research, Nueva York, 1970. [1,9]

Weizsäcker, C. C. von, *Steady State Capital Theory*, Springer-Verlag, Berlín y Nueva York, 1971. [4]

Winston, Gordon C., *Productivity-Reducing Effects of Supply Side Policies: Subsidizing Decreased Utilization*, Williams College, Department of Economics, Williamstown, Mass., 1981. [4]

___________, *On Measuring Factor Proportions in Industries With Different Seasonal and Shift Patterns or Did the Leontief Paradox Ever Exist?*, Center for Development Economics, Williams College, Williamstown, Mass., 1978. [4]

Zignoli, Vittorio, *Tecnica della produzione. Economia industriale - Organizzazione della produzione e del lavoro, con speciale riguardo alla produtivita*, Editore Urico Hoepli, Milán, 1950. [9]

## PUBLICACIONES PERIÓDICAS


Abel, Andrew B., "A Dynamic Model of Investment and Capacity Utilization", *The Quarterly Journal of Economics*, vol. 96, p. 379, 1981.

Ackley, G., "Commodities and Capital: Prices and Quantities", *The American Economic Review*, vol. 73, p. 1, 1983.

Albin, Peter S., "Reswitching: An Empirical Observation, a Theoretical Note, and an Environmental Conjecture", *Kyklos*, vol. 28, p. 149, 1975.

Anderson, Robert M., "A Market Value Approach to Aproximate Equilibria", *Econometrica*, vol. 50, p. 127, 1982.

Appelbaum, Elie y Richard Harris, "Estimating Technology in an Intertemporal Framework: A Neo-Austrian Approach", *The Review of Economics and Statistics*, vol. 59, p. 161, 1977.

Araujo, A. y J. A. Scheinkman, "Smoothness, Comparative Dynamics, and the Turnpike Property", *Econometrica*, vol. 45, p. 601, 1977.

Aubareda, Josep, "Steady-State Growth of the Long-Run Sales-Maximizing Firm", *The Quarterly Journal of Economics*, vol. 93, p. 131, 1979.

Balcer, Yves y Steven A. Lippman, "Technological Expectations and Adoption of Improved Technology", *Journal of Economic Theory*, vol. 34, p. 292, 1984.

Baranzini, Mauro, "The Pasinetti and the Anti-Pasinetti Theorems: A Reconciliation", *Oxford Economic Papers*, vol. 27, núm. 3, 1975.

Barger, Harold, "Embodied Versus Disembodied Improvements", *The Review of Economics and Statistics*, vol. 58, p. 372, 1976.

Becker, Robert A., "A Duality of a Dynamic Model of Equilibrium and an Optimal Growth Model: The Heterogeneous Capital Goods Case", *The Quarterly Journal of Economics*, vol. 96, p. 271, 1981.

Beckmann, Martin J., "Management Production Functions and the Theory of the Firm", *Journal of Economic Theory*, vol. 14, p. 1, 1977.

Benveniste, Lawrence M., "A Complete Characterization of Efficiency for a General Capital Accumulation Model", *Journal of Economic Theory*, vol. 12, p. 325, 1976.

Bernholz, Peter, Malte Faber y Winfried Reiss, "A Neo-Austrian Two-Period Multisector Model of Capital", *Journal of Economic Theory*, vol. 17, p. 38, 1978.

Bezdek, Roger H. y Constance R. Dunham, "On the Relationship Between Changes in Input-Output Coefficients and Changes in Product Mix ", *The Review of Economics and Statistics*, vol. 58, p. 375, 1976.

Bigman, David, "Technical Change, Distributive Shares, and Aggregation", *Oxford Economic Papers*, vol. 30, núm. 3, 1978.

__________, "Capital Intensity, Aggregation, and Consumption Behavior", *The Quarterly Journal of Economics*, vol. 93, p. 691, 1979.

Bishop, Robert L., "Competitive Value When Only Labor Is Scarce", *The Quarterly Journal of Economics*, vol. 100, p. 257, 1985.

Blaug, Marc, "The Empirical Status of Human Capital Theory: A Slightly Jaundiced Survey", *The Journal of Economic Literature*, vol. 14, p. 827, 1976.

Bol, Georg, "On Technical Efficiency Measures: A Remark", *Journal of Economic Theory*, vol. 38, p. 380, 1986.

Brecher, R. A. e I. C. Parker, "Time Structure of Production and the Theory of International Trade", *Journal of International Economics*, vol. 7, p. 385, 1977.

Brown, Murray y Winston W. Chang, "Capital Aggregation in a General Equilibrium Model of Production", *Econometrica*, vol. 44, p. 1179, 1976.

Burmeister, Edwin, "The Factor-Price Frontier and Duality with Many Primary Factors", *Journal of Economic Theory*, vol. 12, p. 496, 1976.

____________, "The Irrelevance of Sraffa's Analysis Without Constant Returns to Scale", *The Journal of Economic Literature*, vol. 15, p. 68, 1977.

____________ y P. J. Hammond, "Maximin Paths of Heterogeneous Capital Accumulation and the Instability of Paradoxical Steady States", *Econometrica*, vol. 45, p. 853, 1977.

____________ y Ngo Van Long, "Some Unresolved Questions in Capital Theory", *The Quarterly Journal of Economics*, vol. 91, p. 289, 1977.

Calvo, Guillermo A., "Optimal Growth in a Putty-Clay Model", *Econometrica*, vol. 44, p. 867, 1976.

____________, "Optimal Maximin Accumulation with Uncertain Future Technology", *Econometrica*, vol. 45, p. 317, 1977.

Caves, Douglas W. y Laurits R. Christensen, "Flexible Cost Functions for Multiproduct Firms", *The Review of Economics and Statistics*, vol. 62, p. 477, 1980.

Clark, Colin, "Wages and Profits", *Oxford Economic Papers*, vol. 30, núm. 3, 1978.

Collins, S. M., "Technical Progress in a Three-Country Ricardian Model with a Continuum of Goods", *Journal of International Economics*, vol. 19, p. 171, 1985.

Cowling, Keith y Michael Waterson, "Price-Cost Margins and Market Structure", *Economica*, vol. 43, p. 267, 1976.

Craven, John, "Capital Theory and the Process of Production", *Economica*, vol. 42, p. 283, 1975.

____________, "On the Marginal Product of Capital", *Oxford Economic Papers*, vol. 29, núm. 3, 1977.

Chen, Edward K. Y., "The Empirical Relevance of the Endogenous Technical Progress Function", *Kyklos*, vol. 29, p. 256, 1976.

Chiodi, Gugliemo, "Some Reflections on Marx, Sraffa and the Theory of Distribution", *Science & Society*, vol. 42, p. 33, 1979.

Chipman, John S., "A Renewal Model of Economic Growth: The Continuous Case", *Econometrica*, vol. 45, p. 295, 1977.

Christofides, Louis N. y Francis Tapon, "Discretionary Expenditures and Profit Risk Mangement: The Galbraith-Caves Hypothesis", *The Quarterly Journal of Economics*, vol. 93, p. 303, 1979.

Davis, Horace B., "The Real Nature of Productivity", *Monthly Review*, vol. 32, núm. 6, 1981.

De Alessi, L., "Property Rights, Transaction Costs, and X-Efficiency: An Essay in Economic Theory", *The American Economic Review*, vol. 73, p. 64, 1983.

De LaGrandville, Olivier, "Capital Theory, Optimal Growth, and Efficiency Conditions with Exhaustible Resources", *Econometrica*, vol. 48, p. 1763, 1980.

Diewert, W. E., "The Samuelson Nonsubstitution Theorem and the Computation of Equilibrium Prices", *Econometrica*, vol. 43, p. 57, 1975.

Duchatelet, Martine, "A Note on Increasing Returns to Scale and Learning by Doing", *Journal of Economic Theory*, vol. 27, p. 210, 1982.

Eatwell, John, "A Note on the Truncation Theorem", *Kyklos*, vol. 28, p. 870, 1975.

__________, "Controversies in the Theory of Surplus Value: Old and New", *Science & Society*, vol. 38, p. 281, 1975.

__________, "The Irrelevance of Returns to Scale in Sraffa's Analysis", *The Journal of Economic Literature*, vol. 15, p. 61, 1977.

Ethier, W., "A Reply to Professors Metcalfe and Steedman", *Journal of International Economics*, vol. 11, p. 273, 1981.

Falvey, E. R., "A Note on Quantitative Restrictions and Capital Mobility", *The American Economic Review*, vol. 66, p. 217, 1976.

Färe, R. y C. A. Knox Lovell, "Measuring the Technical Efficiency of Production", *Journal of Economic Theory*, vol. 19, p. 150, 1978.

__________ y J. Logan, "The Rate-of-Return Regulated Firm: Cost and Production Duality", *The Rand Journal of Economics*, vol. 14, núm. 2, 1983.

__________ y Ronald W. Shephard, "Ray-Homothetic Production Functions", *Econometrica*, vol. 45, p. 133, 1977.

Fazi, Elido y Neri Salvadori, "The Existence of a Two-Class Economy in the Kaldor Model of Growth and Distribution", *Kyklos*, vol. 34, p. 582, 1981.

Fershtman, Chaim y Eitan Muller, "Capital Accumulation Games of Infinite Duration", *Journal of Economic Theory*, vol. 32, p. 322, 1984.

__________, "Turnpike Properties of Capital Accumulation Games", *Journal of Economic Theory*, vol. 38, p. 167, 1986.

Filippini, C. y L. Filippini, "Two Theorems on Joint Production", *The Economic Journal*, vol. 92, p. 386, 1982.

Frantz, Roger, "X-Efficiency Theory and Its Critics", *The Quarterly Review of Economics and Business*, vol. 25, núm. 4, 1986.

Friedlaender, A. F. y K. Wang, "Costs, Technology, and Productivity in the U.S. Automobile Industry", *The Rand Journal of Economics*, vol. 14, núm. 1, 1983.

Friedman, James W., "A Note on the Turnpike Properties of Time Dependent Supergames", *Econometrica*, vol. 49, p. 1087, 1981.

Fujimoto, Takao, "Non-Substitution Theorems and the Systems of Linear Equations", *Journal of Economic Theory*, vol. 23, p. 410, 1980.

Fuss, Melvyn A., "The Structure of Technology Over Time: A Model for the Testing the 'Putty Clay' Hypothesis", *Econometrica*, vol. 45, p. 1797, 1977.

Gabisch, G., "A Vintage Capital Model of International Trade: The Case of Trade with Second-Hand Machines", *Journal of International Economics*, vol. 5, p. 365, 1975.

Gaines, R. E. y J. K. Peterson, "The Existence of Optimal Consumption Policies in Optimal Economic Growth Models with Nonconvex Technologies", *Journal of Economic Theory*, vol. 37, p. 76, 1985.

Gale, David y Lawrence Benveniste, "An Extension of Cass' Characterization of Infinite Efficient Production Programs", *Journal of Economic Theory*, vol. 10, p. 229, 1975.

Gantz, Donald T., "A Strong Turnpike Theorem for a Nonstationary Von Neumann-Gale Production Model", *Econometrica*, vol. 48, p. 1777, 1980.

Garber, Steven y Steven Keppler, "Relative Price Changes in Recession: A Microecometric Analysis of U.S. Manufacturing", *International Review of Economics*, vol. 27, p. 187, 1986.

Garegnani, P., "The Neoclassical Production Function: Comment", *The American Economic Review*, vol. 66, p. 424, 1976.

Gibson, Bill y Hadi Esfahani, "Technical Change with Non-produced Means of Production", *Review of Radical Political Economics*, vol. 18, núm. 4, p. 100, 1986.

Gomulka, Stanislaw, "Technological Condition for Balanced Growth: A Note on Professor Whitaker's Contribution", *Journal of Economic Theory*, vol. 13, p. 484, 1976.

Goodwin, R., "A Note on Wages, Profits and Fluctuating Growth Rates", *Cambridge Journal of Economics*, vol. 7, p. 305, 1983.

Gordon, Kenneth, "Hicks and Hollander on Ricardo: A Mathematical Note", *The Quarterly Journal of Economics*, vol. 98, p. 721, 1983.

Griffin, James M., "Joint Production Technology: The Case of Petrochemicals", *Econometrica*, vol. 46, p. 379, 1978.

Grossman M. Gene y Assaf Razin, "Direct Foreign Investment and the Choice of Technique under Uncertainty", *Oxford Economic Papers*, vol. 37, núm. 4, 1985.

Gupta, Kanhaya L., "Factor Prices, Expectations and Demand for Labor", *Econometrica*, vol. 43, p. 757, 1975.

Haddock, D. D., "Basing-Point Pricing: Competitive *vs.* Collusive Theories", *The American Economic Review*, vol. 72, p. 289, 1982.

Hagemann, Harald y Heinz D. Kurz, "The Return of the Same Truncation Period and Reswitching of Techniques in Neo-Austrian and More General Models", *Kyklos*, vol. 29, p. 678, 1976.

Hall, Bronwyn H., Zvi Griliches y Jerry Hausman, "Patents and R & D: Is There a Lag?", *International Review of Economics*, vol. 27, p. 265, 1986.

Haltmaier, J., "Measuring Technical Change", *The Economic Journal*, vol. 94, p. 924, 1984.

Hannan, T. H. y J. M. McDowell, "The Determinants of Technology Adoption: the Case of the Banking Firm", *The Rand Journal of Economics*, vol. 15, núm. 3, 1984.

Hanseman, Dennis J., "A Further Note on Factor Substitution and Efficiency", *The Review of Economics and Statistics*, vol. 65, p. 153, 1983.

Hanson, Donald A., "Efficient Transitions from a Resource to a Substitute Technology in an Economic Growth Context", *Journal of Economic Theory*, vol. 17, p. 99, 1978.

Harcourt, C. G., "The Cambridge Controversies: Old Ways and New Horizons - Or Dead End?", *Oxford Economic Papers*, vol. 28, núm. 1, 1976.

Harris, R., "Applied General Equilibrium Analysis of Small Open Economies with Scale Economies and Imperfect Competition", *The American Economic Review*, vol. 74, p. 1016, 1984.

Hazari, R. Bharat, "Factor Market Distortions, Technical Progress, and Trade", *Oxford Economic Papers*, vol. 27, p. 1, 1975.

Hendricks, Wallance, "Unionism, Oligopoly and Rigid Wages", *The Review of Economics and Statistics*, vol. 58, p. 198, 1981.

Herberg, Horst y Murray C. Kemp, "Homothetic Production Functions and the Shape of the Production Possibility Locus: Comment", *Journal of Economic Theory*, vol. 11, p. 287, 1975.

Hodgson, Geoff, "On Exploitation and Labor-Value", *Science & Society*, vol. 45, p. 228, 1982.

Hughes, J. J. y S. P. Das, "Technological Progress and the Skill Differential", *The Economic Journal*, vol. 91, p. 998, 1981.

Hulten, C. R., "Technical Change and the Reproducibility of Capital", *The American Economic Review*, vol. 65, p. 956, 1975.

Humprey, David B. y J. R. Moroney, "Substitution among Capital, Labor, and Natural Resource Products in American Manufacturing", *Journal of Political Economy*, vol. 83, p. 57, 1975.

Inoue, Tadashi, "On the Shape of the World Production Possibility Frontier with Three Goods and Two Primary Factors with and without Capital Mobility", *International Review of Economics*, vol. 27, p. 707, 1986.

__________ y Leon L. Wegge, "On the Geometry of the Production Possibility Frontier", *International Review of Economics*, vol. 27, p. 727, 1986.

Jaksch, Hans Jürgen, "A Necessary and Sufficient Condition for the Equality of the Expansion Rates in the von Neumann Growth Model", *Journal of Economic Theory*, vol. 15, p. 228, 1977.

Just, Richard E. y Roulon D. Pope, "A General Equilibrium Model of Production with a Random Marginal Rate of Substitution", *Journal of Economic Theory*, vol. 19, p. 534, 1978.

Kawagoe, Toshihiko, K. Otsuka y Y. Hayami, "Induced Bias of Technical Change in Agriculture: The United States and Japan, 1880-1980", *Journal of Political Economy*, vol. 94, núm. 3, p. 523, 1986.

Kemp, M. C. y C. Khang, "A Convexity Property of the Two-by-Two Model of Production", *Journal of International Economics*, vol. 5, p. 255, 1975.

Kopp, Raymond J., "Measuring the Technical Efficiency of Production: A Comment", *Journal of Economic Theory*, vol. 25, p. 450, 1981.

__________, "The Measurement of Productive Efficiency: A Reconsideration", *The Quarterly Journal of Economics*, vol. 96, p. 477, 1981.

Kreijger, R. G. y H. Neudecker, "Kendrick's 'Forward Integration Method' and the Dynamic Leontief Multisectoral Model", *The Quarterly Journal of Economics*, vol. 90, p. 505, 1976.

Lahiri, Sajal, "Input-Output Analysis with Scale-Dependent Coefficients", *Econometrica*, vol. 44, p. 947, 1976.

Laibman, D. y E. J. Nell, "Reswitching, Wicksell Effects, and the Neoclassical Production Function", *The American Economic Review*, vol. 97, p. 373, 1977.

Lazonick, William, "Factor Costs and the Diffusion of Ring Spinning in Britain Prior to World War I", *The Quarterly Journal of Economics*, vol. 96, p. 89, 1981.

Lecraw, Donald J., "Choice of Technology in Low Wage Countries: A Nonneoclassical Approach", *The Quarterly Journal of Economics*, vol. 93, p. 631, 1979.

Leibenstein, H., "Aspects of the X-Efficiency Theory of the Firm", *The Rand Journal of Economics*, vol. 6, núm. 2, 1975.

Levine, A. L., "The Irrelevance of Returns to Scale in Sraffa's Analysis: A Comment", *The Journal of Economic Literature*, vol. 15, p. 70, 1977.

Lipscomb, Joseph y David Zalkind, "Deterministic Models for Production of Services with Stochastic Technology", *Econometrica*, vol. 48, p. 1169, 1980.

Lloyd, J. P., "Substitution Effects and Biases in Nontrue Price Indices", *The American Economic Review*, vol. 65, p. 301, 1975.

Magat, W. A., "Technological Advance with Depletion of Innovation Possibilities. Implications for the Dynamics of Factor Shares", *The Economic Journal*, vol. 89, p. 614, 1979.

____________, "Technological Advance with Depletion of Innovation Possibilities-Implications for the Dynamics of Factor Shares: A Correction", *The Economic Journal*, vol. 90, p. 914, 1980.

Magill, Michael J. P., "Some New Results on the Local Stability of the Process of Capital Accumulation", *Journal of Economic Theory*, vol. 15, p. 174, 1977.

Majumdar, Mukul y Tapan Mitra, "Intertemporal Allocation with a Non-Convex Technology: The Aggregative Framework", *Journal of Economic Theory*, vol. 27, p. 101, 1982.

Manning, R., "A Nonsubstitution Theorem with Many Primary Factors", *Journal of Economic Theory*, vol. 25, p. 442, 1981.

Mates, Neven, "A Note on Aggregation in Leontief Matrices and the Labor Theory of Value", *Econometrica*, vol. 46, p. 1503, 1978.

McCain, Roger A., "Competition, Information, Redundancy: X-Efficiency and the Cybernetics of the Firm", *Kyklos*, vol. 28, p. 286, 1975.

__________, "Endogenous Bias in Technical Progress and Environmental Policy", *The American Economic Review*, vol. 68, p. 538, 1978.

McKenzie, Lionel W., "Turnpike Theory", *Econometrica*, vol. 44, p. 841, 1976.

__________, "A Primal Route to the Turnpike and Liapounov Stability", *Journal of Economic Theory*, vol. 27, p. 194, 1982.

__________, "Turnpike Theory, Discounted Utility, and the von Neumann Facet", *Journal of Economic Theory*, vol. 30, p. 330, 1983.

Medvegyev, Peter, "A General Existence Theorem for von Neumann Economic Growth Models", *Econometrica*, vol. 52, p. 963, 1984.

Mefford, Robert N., "Introducing Management into the Production Function", *The Review of Economics and Statistics*, vol. 68, p. 96, 1986.

Méndez, J. A., "A Note on the Neoclassical Ambiguity and the Specific Factor Proportion Model Under Variable Returns to Scale", *Journal of International Economics*, vol. 18, p. 357, 1985.

Menezes, C. F. y J. H. Tressler, "Constant Returns to Scale and Competitive Equilibrium Under Uncertainty", *Journal of Economic Theory*, vol. 31, p. 383, 1983.

Michel, Thomas R., "The Productivity Slowdown and the Elasticity of Demand for Labor", *The Review of Economics and Statistics*, vol. 68, p. 532, 1986.

Mirman, Leonard J. e Itzhak Zilcha, "On Optimal Growth Under Uncertainty", *Journal of Economic Theory*, vol. 11, p. 329, 1975.

____________, "Characterizing Optimal Policies in a One-Sector Model of Economic Growth Under Uncertainty", *Journal of Economic Theory*, vol. 14, p. 389, 1977.

Mitra, Tapan, "Efficient Growth with Exhaustible Resources in a Neoclassical Model", *Journal of Economic Theory*, vol. 17, p. 114, 1978.

____________, "A Note on Efficient Growth with Irreversible Investment and the Phelps-Koopmans Theorem", *Journal of Economic Theory*, vol. 18, 1978.

Montet, C., "Reswitching and Primary Input Use: A Comment", *The Economic Journal*, vol. 89, p. 642, 1979.

Morishima, M., "Positive Profits with Negative Surplus Value: A Comment", *The Economic Journal*, vol. 86, p. 599, 1976.

____________, "Marx in the Light of Modern Economic Thought: A Reply", *Econometrica*, vol. 46, p. 1243, 1978.

____________, "Positive Profit Without Exploitation: A Comment on F. Petris Note", *Econometrica*, vol. 48, p. 535, 1980.

Morley, Samuel A. y Gordon W. Smith, "Limited Search and the Technology Choices of Multinational Firms in Brazil", *The Quarterly Journal of Economics*, vol. 91, p. 263, 1977.

Moroney, J. R. y J. M. Trapani, "Factor Demand and Substitution in Mineral-Intensive Industries", *The Bell Journal of Economics*, vol. 12, núm. 1, 1981.

Neary, J. Peter, "International Factor Mobility, Minimum Wage Rates, and Factor-Price Equalization: A Synthesis", *The Quarterly Journal of Economics*, vol. 100, p. 551, 1985.

Nelson, Randy A., "Regulation, Capital Vintage, and Technical Change in the Electric Utility Industry", *The Review of Economics and Statistics*, vol. 66, p. 59, 1984.

Nelson, R. R., "Production Sets, Technological Knowledge, and R & D: Fragile and Overworked Constructs for Analysis of Productivity", *The American Economic Review*, vol. 70, p. 62, 1980.

Newbery, David M. G. y Joseph E. Stiglitz, "The Choice of Techniques and the Optimality of Market Equilibrium with Rational Expectations", *Journal of Political Economy*, vol. 90, p. 223, 1982.

O'Donnell T. A. y J. K. Swales, "Factor Substitution, the C.E.S. Production Function and U.K. Regional Economics", *Oxford Economic Papers*, vol. 31, núm. 3, 1979.

O'Hara, M., "Technology and Hedging Behavior: A Proof of Hick's Conjecture", *The American Economic Review*, vol. 75, p. 1186, 1985.

Ostroy, Joseph M., "A Reformation of the Marginal Productivity Theory of Distribution", *Econometrica*, vol. 52, p. 599, 1984.

Pasinetti, Luigi L., "Conditions of Existence of a Two Class Economy in the Kaldor and More General Models of Growth and Income Distribution", *Kyklos*, vol. 36, p. 91, 1983.

Pearl L. D. y J. L. Enos, "Engineering Production Functions and Technological Progress", *The Journal of Industrial Economics*, vol. 24, núm. 1, 1975.

Perrakis, S., "Factor-Price Uncertainty with Variable Proportions: Note", *The American Economic Review*, vol. 70, p. 1083, 1980.

Pertz, K., "Reswitching, Wicksell Effects, and the Neoclassical Production Function: Note", *The American Economic Review*, vol. 70, p. 1015, 1980.

Petri, Fabio, "Positive Profits Without Exploitation: A Note on the Generalized Fundamental Marxian Theorem", *Econometrica*, vol. 48, p. 531, 1980.

Pugel, T. A., "Endogenous Technological Change and International Technology Transfer in a Ricardian Trade Model", *Journal of International Economics*, vol. 13, p. 321, 1982.

Quinzil, Martine, "An Existence Theorem for the Core of a Productive Economy with Increasing Returns", *Journal of Economic Theory*, vol. 28, p. 32, 1982.

Ramanathan, R., "The Elasticity of Substitution and the Speed of Convergence in Growth Models", *The Economic Journal*, vol. 85, p. 612, 1975.

Ranney, S. I., "International Capital Transfers and the Choice of Production Technique: A Simple Two-Country Model", *Journal of International Economics*, vol. 17, p. 85, 1984.

Riley, J. G., "Information, Screening and Human Capital", *The American Economic Review*, vol. 66, p. 254, 1976.

Robinson, Joan, "The Unimportance of Reswitching", *The Quarterly Journal of Economics*, vol. 89, p. 32, 1975.

___________, "The Unimportance of Reswitching: Response", *The Quarterly Journal of Economics*, vol. 89, p. 53, 1975.

Rodríguez, Carlos Alfredo, "International Factor Mobility, Nontraded Goods, and the International Equalization of Prices of Goods and Factors", *Econometrica*, vol. 43, p. 115, 1975.

Roemer, John E., "Innovation, Rates of Profit, and Uniqueness of von Neumann Prices", *Journal of Economic Theory*, vol. 22, p. 451, 1980.

Rosser, J. Barkley, "Reswitching as a Cusp Catastrophe", *Journal of Economic Theory*, vol. 31, p. 182, 1983.

Russel, R. Robert, "Measures of Technical Efficiency", *Journal of Economic Theory*, vol. 35, p. 109, 1985.

Salamon, G. L., "Accounting Rates of Return", *The American Economic Review*, vol. 75, p. 495, 1985.

Sakai, Yasuhiro, "A Simple General Equilibrium Model of Production: Comparative Statics with Price Uncertainty", *Journal of Economic Theory*, vol. 19, p. 287, 1978.

Samuelson, Paul A., "The Unimportance of Reswitching: Comment", *The Quarterly Journal of Economics*, vol. 89, p. 40, 1975.

Sandler, Todd y A. Swimmer, "The Properties and Generation of Homothetic Production Functions: A Synthesis", *Journal of Economic Theory*, vol. 18, p. 349, 1978.

Sato, Kazuo, "A Note on Factor Substitution and Efficiency", *The Review of Economics and Statistics*, vol. 59, p. 360, 1977.

___________, "A Note on Capital and Output Aggregation in a General-Equilibrium Model of Production", *Econometrica*, vol. 47, p. 1559, 1979.

Scarf, Herbert E., "Production Sets with Indivisibilities - Part I: Generalities", *Econometrica*, vol. 49, p. 1, 1981.

___________, "Production Sets with Indivisibilities - Part II: The Case of Two Activities", *Econometrica*, vol. 49, p. 395, 1981.

Schap, David, "X-Inefficiency in a Rent Seeking Society: A Graphical Analysis" *The Quarterly Review of Economics and Business*, vol. 25, núm. 1, 1985.

Schefold, B., "Different Forms of Technological Progress", *The Economic Journal*, vol. 86, p. 806, 1976.

___________, "Von Neumann and Sraffa: Mathematical Equivalence and Conceptual Difference", *The Economic Journal*, vol. 90, p. 140, 1980.

Schott, K., "The Relations between Industrial Research and Development and Factor Demands", *The Economic Journal*, vol. 88, p. 85, 1978.

Schweizer, Urs, "A Spatial Version of the Nonsubstitution Theorem", *Journal of Economic Theory*, vol. 19, p. 307, 1978.

Sekine, Thomas, "The Law of Market Value", *Science & Society*, vol. 46, p. 420, 1983.

Sen, Amartya K., "Minimal Conditions for Monotonicity of Capital Value", *Journal of Economic Theory*, vol. 11, p. 340, 1975.

Shah, A. y M. Desai, M., "Growth Cycles with Induced Technical Change", *The Economic Journal*, vol. 91, p. 1006, 1981.

Shaikh, A., "Marxian Competition Versus Perfect Competition: Further Comments on the So-Called Choice of Technique", *Cambridge Journal of Economics*, vol. 4, p. 75, 1980.

Shapiro, Nina, "The Neoclassical Theory of the Firm", *Review of Radical Political Economics*, vol. 8, núm. 4, 1976.

Sharkey, William W. y Lester G. Telser, "Supportable Cost Functions for the Multiproduct Firm", *Journal of Economic Theory*, vol. 18, p. 23, 1978.

Sherman, R. y M. Visscher, "Nonprice Rationing and Monopoly Price Structures When Demand Is Stochastic", *The Rand Journal of Economics*, vol. 13, núm. 1, 1982.

Schinnar, Arie P., "The Leontief Dynamic Generalized Inverse", *The Quarterly Journal of Economics*, vol. 92, p. 641, 1978.

Silvestre, Joaquim, "Increasing Returns in General Non-Competitive Analysis", *Econometrica*, vol. 46, p. 397, 1978.

Simonovits, Andras, "A Note on Marx in the Light of Modern Economic Theory by M. Morishima", *Econometrica*, vol. 46, p. 1239, 1978.

Singer, H. W. y L. Reynolds, "Technological Backwardness and Productivity Growth", *The Economic Journal*, vol. 85, p. 873, 1975.

Skiba, A. K., "Optimal Growth with a Convex-Concave Production Function", *Econometrica*, vol. 46, p. 527, 1978.

Skott, P., "Technological Advance with Depletion of Innovation Possibilities. A Comment and Some Extensions", *The Economic Journal*, vol. 91, p. 977, 1981.

Smith, M. A. M., "Trade, Growth, and Consumption in Alternative Models of Capital Accumulation", *Journal of International Economics*, vol. 6, p. 371, 1976.

____________, "Trade in Second-Hand Machines: A Comment", *Journal of International Economics*, vol. 6, p. 389, 1976.

Soloman, R. F. y D. J. C. Forsyth, "Substitution of Labor for Capital in the Foreign Sector: Some Further Evidence", *The Economic Journal*, vol. 87, p. 283, 1977.

Solow, Robert M., "The Unimportance of Reswitching: Comment", *The Quarterly Journal of Economics*, vol. 89, p. 48, 1975.

Sosin, Kim y Loretta Fairchild, "Nonhomotheticity and Technological Bias in Production", *The Review of Economics and Statistics*, vol. 66, p. 44, 1984.

Spence, A. M., "The Learning Curve and Competition", *The Rand Journal of Economics*, vol. 12, núm. 1, 1981.

Steedman, I., "Positive Profits with Negative Surplus Value: A Reply to Professor Morishima", *The Economic Journal*, vol. 86, p. 604, 1976.

___________, "A Note on the 'Choice of Technique' Under Capitalism", *Cambridge Journal of Economics*, vol. 4, p. 61, 1980.

___________, "Joint Production and the Wage-Rent Frontier", *The Economic Journal*, vol. 92, p. 377, 1982.

___________, "On the 'Impossibility' of Hicks-Neutral Technical Change", *The Economic Journal*, vol. 95, p. 746, 1985.

___________ y J. S. Metcalfe, "Reswitching, Primary Inputs, and the Heckscher-Ohlin-Samuelson Theory of Trade", *Journal of International Economics*, vol. 7, p. 201, 1977.

Stevenson, R., "Measuring Technological Bias", *The American Economic Review*, vol. 70, p. 162, 1980.

Stewart, M. B., "Factor-Price Uncertainty with Variable Proportions", *The American Economic Review*, vol. 68, p. 468, 1978.

Stiglitz, J. E., "Equilibrium Wage Distributions", *The Economic Journal* , vol. 95, p. 595, 1985.

Stone, Richard, "Whittling Away at the Residual: Some Thoughts on Denison's Growth Accounting: A Review Article", *The Journal of Economic Literature*, vol. 18, p. 1539, 1980.

Sveikauskas, Leo, "Technological Inputs and Multifactor Productivity Growth", *The Review of Economics and Statistics*, vol. 63, p. 275, 1981.

Taub, Allan J., "Determinants of the Firm's Capital Structure", *The Review of Economics and Statistics*, vol. 57, p. 410, 1975.

Tawada, Makoto, "The Production Poissibility Set with Public Intermediate Goods", *Econometrica*, vol. 48, p. 1005, 1980.

Teubal, Morris, "A Neotechnology Theory of Comparative Costs", *The Quarterly Journal of Economics*, vol. 89, p. 414, 1975.

Thomas, Ewart A. C., "On Technological Implications of the Wage-Profit Frontier", *Journal of Economic Theory*, vol. 11, p. 236, 1975.

Thorlund-Petersen, Lars, "A Note on Balanced Growth", *Journal of Economic Theory*, vol. 23, p. 123, 1980.

Truchon, Michel, "Using Exogenous Elasticities to Induce Factor Substitution in Input-Output Price Models", *The Review of Economics and Statistics*, vol. 66, p. 329, 1984.

Velupillai, K., "Irving Fisher on 'Switches of Techniques'", *The Quarterly Journal of Economics*, vol. 89, p. 679, 1975.

Weizscker, C. Christian von, "The Costs of Substitution", *Econometrica*, vol. 52, p. 1085, 1984.

Wilson, Charles A., "On the General Structure of Ricardian Models with a Continuum of Goods: Applications to Growth, Tariff Theory, and Technical Change", *Econometrica*, vol. 48, p. 1675, 1980.

Wolfstetter, E., "Positive Profit with Negative Surplus Value: A Comment", *The Economic Journal*, vol. 86, p. 864, 1976.

Wozniak, Gregory D., "The Adoption of Interrelated Innovations: A Human Capital Approach, *The Review of Economics and Statistics*, vol. 66, p. 70, 1984.

Wright, F. J., "The Dynamics of Reswitching", *Oxford Economic Papers*, vol. 27, núm. 1, 1975.

Yano, Makoto, "A Note on the Existence of an Optimal Capital Accumulation in the Continuous Time Horizon", *Journal of Economic Theory*, vol. 27, p. 421, 1982.

Yi, Gregory J. L., "The Badly Behaved Production Function", *The Quarterly Journal of Economics*, vol. 89, p. 341, 1975.

You, Jong Keun, "Embodied and Disembodied Technical Progress in the United States, 1920-1968", *The Review of Economics and Statistics*, vol. 58, p. 123, 1976.

Zarembka, Paul, "Capital Heterogeneity, Aggregation, and the Two-Sector Model", *The Quarterly Journal of Economics*, vol. 89, p. 103, 1975.

# CAPÍTULO 3

# CAMBIO TÉCNICO Y CAMBIO ESTRUCTURAL

Este último capítulo de la bibliografía reúne aquellos trabajos que estudian las transformaciones en las estructuras económicas y sociales producidas por el cambio técnico. Sin duda alguna, este tema es uno de los más importantes, pero su tratamiento analítico presenta grandes dificultades. Como ya hemos indicado, la teoría económica enfrenta serios problemas en lo que concierne a la conceptualización y manejo de las categorías asociadas al cambio técnico; pero en el ámbito de las relaciones entre este fenómeno y las transformaciones de las estructuras económicas y sociales, las dificultades aumentan por la multiplicidad de niveles en los que se puede llevar a cabo el análisis.

En el ámbito de la región latinoamericana, el término mismo de "cambio estructural" ha sido vinculado al análisis del proceso de desarrollo económico y social. En los trabajos de Prebisch (1962) y Pinto (1965 y 1973), el tema del cambio estructural y su relación con el cambio técnico ocupó un lugar privilegiado.[1] En los últimos años, esta preocupación por el binomio cambio técnico/cambio estructural ha renacido, siguiendo diversas orientaciones. Por una parte, el tema se desarrolla cada vez más recurriendo a un mayor apoyo en la historia económica y la historia de la técnica. Por otra parte, el hecho de que la actual crisis económica de la economía capitalista a nivel mundial se vea acompañada de importantes innovaciones (o promesas de innovaciones) en las tecnologías de procesos, de productos y de materiales, ha dado lugar a que el tema de las relaciones entre cambios técnicos y transformaciones estructurales ocupe un lugar central en los análisis de la crisis y las ondas largas que caracterizan a la economía capitalista.

La importancia de este tema también se desprende del hecho de que, desde sus orígenes, la economía política dedicó una gran atención al problema del cambio estructural asociado al cambio técnico. De hecho, la economía política nació precisamente en medio de un complejo proceso de transformaciones económicas y sociales que surgie-

[1] En casi todos los trabajos importantes sobre el proceso de desarrollo económico y social de los años cincuenta y sesenta, el tema del cambio estructural y su relación con el cambio técnico mantiene una presencia casi constante. Entre otros trabajos, véase el clásico libro de Hirschman (1961) que todavía hoy en día debe ser considerado una aportación a este tema de estudio.

ron junto con una verdadera oleada de innovaciones técnicas. Muy rápidamente se reconoció la estrecha relación que mantiene el proceso de cambio técnico y la organización capitalista de la producción. Sin embargo, es importante observar que ninguno de los economistas importantes que estudiaron durante los siglos XVIII y XIX el fenómeno del surgimiento del capitalismo llegó a la conclusión de que las innovaciones tecnológicas hubieran generado el nuevo sistema de organización social de la producción. Por el contrario, el marco de análisis de los autores clásicos está definido por el proceso a través del cual las relaciones sociales capitalistas abren las puertas a la profundización o intensificación del cambio técnico. Pero, al mismo tiempo, se reconoció la existencia de una relación más compleja entre mutaciones tecnológicas y transformaciones socioeconómicas. En otros términos, sin caer en un determinismo tecnológico, la teoría económica reconoció el hecho de que el conjunto de mutaciones tecnológicas había tenido una fuerte repercusión en las estructuras sociales y económicas; este hecho ocupó la atención de algunos de los economistas más brillantes y sus análisis aún son estimulantes.

La noción de cambio estructural no corresponde a un concepto rigurosamente definido en el marco de la teoría económica. En este capítulo, la noción es utilizada para hacer referencia a la articulación entre los efectos del cambio técnico y las transformaciones a nivel de ramas o sectores, así como a nivel de toda la economía. En otras palabras, desde la perspectiva del cambio estructural se considera el papel del cambio técnico en la serie de transformaciones inherentes al proceso de desarrollo económico y social. En la revolución socioeconómica que acompaña al desarrollo económico, el cambio técnico desempeña un papel importante en varios niveles:[2]

— altera la posición relativa de los sectores o ramas industriales en la economía (pérdida o adquisición de dinamismo);

— abre y cierra espacios económicos (en forma de nuevas oportunidades de mercado o destrucción de formas de producción no competitivas);

— crea nuevas formas de competencia industrial y desempeña un papel clave en el proceso de concentración industrial;

— establece nuevas modalidades de intermediación entre los mercados de bienes y servicios y el sector financiero;

— transforma la composición de la mano de obra empleada (aboliendo categorías profesionales y desarrollando nuevas, estableciendo incentivos para algunas especializaciones, etc.);

[2] Desde luego, se debe descartar la idea de que el cambio técnico constituye una variable independiente que sea determinante de estos cambios en la estructura social y económica.

— afecta los patrones de distribución del ingreso y, por ende, la composición de la demanda agregada efectiva;

— redefine los eslabonamientos entre ramas y la configuración de nuevos complejos en la matriz de relaciones interindustriales;

— modifica las relaciones económicas internacionales y la reestructuración industrial internacional (i.e., nueva inserción en la división internacional del trabajo para cada economía nacional);

— altera los patrones de la localización espacial de la actividad productiva;

— contribuye al surgimiento de nuevas necesidades que el sistema de educación debe satisfacer;

— crea nuevas funciones para el Estado y modifica las orientaciones anteriores de las funciones y operaciones del gobierno;

— desempeña una función importante en la formación de nuevos grupos sociales y en la transformación de alianzas políticas, etcétera.

Dentro de esta vertiente de análisis, se puede distinguir entre las llamadas innovaciones básicas o primarias, y las secundarias o menores. Las primeras son definidas como cambios técnicos generalizables a casi todas las ramas de la actividad productiva (por ejemplo, la mecanización o la automatización). A las innovaciones menores o secundarias se las puede definir como ajustes menores que permiten alcanzar los límites de desempeño tecnológico de las innovaciones básicas y, por lo tanto, como aquéllas innovaciones relacionadas únicamente con procesos específicos. De este modo, las innovaciones menores se introducen para realizar el potencial de crecimiento que ofrecen las innovaciones básicas. Por otra parte, este enfoque reconoce que el cambio estructural está asociado a una aglomeración de innovaciones, es decir, un conjunto de innovaciones que se articulan entre sí a través de muchos canales (interdependencias tecnológicas y formas institucionales). Por consiguiente, no hay que olvidar que las mutaciones tecnológicas, bajo estas modalidades (i.e., básicas o en aglomeraciones), inciden sobre casi todos los niveles de la vida social. El análisis de estos efectos ha de estar vinculado a un plan de investigación interdisciplinario. En este capítulo se hace referencia exclusivamente a los trabajos que adoptan la perspectiva del análisis económico.

Como ya indicamos, desde los orígenes de la economía política el cambio técnico y su relación con el cambio estructural constituyeron uno de los objetos centrales del análisis. En la obra de Adam Smith, por ejemplo, el tema es abordado en varios momentos importantes. Mucho se ha dicho sobre el lugar que ocupa la división del trabajo en la *Riqueza de las naciones*, pero casi nunca se hace referencia al hecho de que su enfoque permite captar algunos rasgos del cambio técnico que la teoría contemporánea de la producción no ha podido desentrañar (Smith, 1981:10-11):

> [El] aumento considerable en la cantidad de productos que un mismo número de personas puede confeccionar, como consecuencia de la división del trabajo, procede de tres circunstancias distintas: primera, de la destreza de cada obrero en particular; segunda, del ahorro de tiempo que comúnmente se pierde al pasar de una ocupación a otra, y por último, de la invención de un gran número de máquinas, que facilitan y abrevian el trabajo, capacitando a un hombre para hacer la labor de muchos.

En este pasaje se anuncia una vertiente de investigación sobre el cambio técnico que la teoría contemporánea de la producción no puede alcanzar a través de instrumentos como la función de producción o la matriz de coeficientes técnicos.[3] Smith aborda el tema desde el ángulo de lo que podríamos llamar la organización institucional del proceso de producción a nivel del taller: la división del trabajo no es más que el nombre de una forma de cambio técnico que va más allá de la problemática de las variaciones en las proporciones de insumos.[4]

Sin embargo, lo más relevante de la obra de Smith en lo que concierne la articulación entre división del trabajo y proceso de intercambio de mercancías, se plantea en los siguientes términos (Smith, 1981:16):

> Esta división del trabajo, que tantas ventajas reporta, no es en su origen efecto de la sabiduría humana, que prevé y se propone alcanzar aquella general opulencia que de él se deriva. Es la consecuencia gradual, necesaria aunque lenta, de una cierta propensión de la naturaleza humana que

[3] Algunos autores afirman que Smith carece de una teoría de la producción. Quizás es más correcto afirmar que los elementos ofrecidos por Smith nunca fueron desarrollados y que la teoría contemporánea no ha podido integrar los elementos adelantados por él al análisis del cambio técnico y de la producción en general. En efecto, como afirma Leijonhufvud (1986), en la teoría contemporánea, la descripción del proceso de producción se asemeja más a una receta de cocina y, por lo tanto, no permite llevar a cabo un análisis que capte los rasgos dinámicos del proceso de producción.

[4] Este hecho es reconocido hoy en día por los autores preocupados por el tema de la "nueva economía institucional". Entre los ejemplos más notables destaca el trabajo ya citado de Leijonhufvud. Por otra parte, esta manera de abordar el tema de la tecnología de producción corresponde a una visión más adecuada a la del científico social. Smith mantiene así una afinidad más estrecha con los análisis del proceso de trabajo (a la Marx) y de la evolución del mismo en el marco de los distintos patrones de acumulación de capital (a la escuela de la regulación). Esta óptica permite a Smith abordar el tema de otros efectos del cambio técnico que la teoría económica ha insistido en relegar al olvido; véase, por ejemplo, el muy poco conocido análisis de Smith sobre el impacto de la división del trabajo en la condición del trabajador (Smith, 1981:688): "Con los progresos en la división del trabajo, la ocupación de la mayor parte de las personas que viven de su trabajo, o sea la gran masa del pueblo, se reduce a muy pocas y sencillas operaciones, con frecuencia a una o dos tareas. (...) Adquiere, pues, la destreza de su oficio peculiar a expensas de sus virtudes intelectuales, sociales y marciales". Este pasaje se encuentra en el capítulo dedicado a estudiar la necesidad de la intervención del Estado en los gastos de educación.

no aspira a una utilidad tan grande: la propensión a permutar, cambiar y negociar una cosa por otra.

En otras palabras, no hay un determinismo tecnológico en Smith. El intercambio es una de las condiciones que anteceden a la división social y técnica del trabajo porque (Smith, 1981:17-18):

> la certidumbre de poder cambiar el exceso del producto de su propio trabajo, después de satisfechas sus necesidades, por la parte del producto ajeno que necesita, induce al hombre a dedicarse a una sola ocupación, cultivando y perfeccionando el talento o el ingenio que posea para cierta especie de labores.

Por esta razón, la extensión del mercado es el elemento que limita la división del trabajo. Pero, por otra parte, la división del trabajo (y, en general, el cambio técnico) mantiene una compleja y estrecha vinculación con el proceso de acumulación de capital y, por lo tanto, con la extensión de las relaciones de la sociedad mercantil-capitalista. Es en esta parte de su análisis donde encontramos el tema del cambio estructural. En la introducción al libro segundo de la *Riqueza de las naciones*, Smith hace explícita la vinculación entre división del trabajo y acumulación de capital (1981:251):

> Así como la acumulación del capital, según el orden natural de las cosas, debe preceder a la división del trabajo, de la misma manera, la subdivisión de éste sólo puede progresar en la medida en que el capital haya ido acumulándose previamente. La cantidad de materiales que el mismo número de personas se encuentra en condiciones de manufacturar aumenta en la medida misma en que el trabajo se subdivide cada vez más y, como las tareas de cada trabajador van gradualmente haciéndose más sencillas, se inventan nuevas máquinas, que facilitan y abrevian aquellas operaciones.

De este modo, la acumulación de capital también antecede a la división del trabajo. En los siguientes capítulos de este libro segundo, Smith estudia los rasgos y efectos de la acumulación a partir de un análisis preliminar de las partes en las que se divide un capital.

Esta parte de la obra de Smith ha de examinarse a la luz de los pasajes que explican el efecto de la división del trabajo sobre el precio de las mercancías en el marco de la competencia intercapitalista (Smith, 1981:662):

> [A]unque el aumento de la demanda eleve en un principio y durante algún tiempo el precio de los bienes, jamás deja de sobrevenir la baja, a plazo largo. El fenómeno del alza fomenta la producción y promueve la competencia de los productores: éstos, para vender los unos más barato que los otros, perfeccionan más la división del trabajo y descubren nuevos adelantos técnicos que, en otras circunstancias, no se hubieran imaginado.

Cuando articula este tema con su teoría del precio "real" de las mercancías, Smith llega de manera consistente a la conclusión de que las máquinas y la mayor división del trabajo permiten reducir el precio real de las manufacturas (*op. cit.*, 233). Este hecho fundamental, basado en el supuesto del funcionamiento de la competencia intercapitalista, tiene, según Smith, repercusiones fundamentales en la distribución del ingreso.

En este contexto, conviene recordar que, para Smith, el cambio técnico forma parte de la naturaleza de la producción capitalista (*op.cit.*, 84):

> El dueño del capital, que emplea un gran número de obreros, procura por su propia ventaja hacer una distribución y división de ocupaciones que le procure la mayor cantidad de obra posible.

Desgraciadamente, la economía política clásica no desarrolló el tema de la relación entre competencia intercapitalista, cambio técnico y acumulación de capital de una manera sistemática.[5]

La obra de Smith abarca el tema de los efectos del cambio técnico sobre la distribución del ingreso entre las distintas clases de la sociedad. A través de este análisis, Smith llega a la conclusión de que los intereses de las clases trabajadora y la de los propietarios rentistas están plenamente identificados con los de la sociedad en general; en cambio, los intereses de la clase "de las personas que dan empleo al obrero no se encuentran tan estrechamente relacionados con el general de la sociedad" (*op. cit.*, 240).

En el libro tercero de la *Riqueza de las naciones*, intitulado "De los diferentes progresos de la opulencia en distintas naciones", Smith estudia el cauce "natural" de la opulencia de las naciones y lo contrasta con la trayectoria histórica (i.e., real) de las economías europeas. En el capítulo 2, se toma en consideración las distintas instituciones sociales que se sucedieron en Europa desde la caída del Imperio romano a través de sus consecuencias en la agricultura. La primogenitura y los mayorazgos, instituciones jurídicas desconocidas para los romanos, afectaron negativamente la introducción de mejoras en la agricultura y propiciaron el mal manejo de los recursos que ofrecían las mejores tierras en Europa. Los grandes propietarios no se preocuparon por introducir mejoras y los ocupantes (aun cuando fueran medieros) tampoco lo hicieron porque eran siervos de la gleba (y, por lo tanto, no podían adquirir en propiedad). Los pasajes de Smith son claros: la condición de los siervos y medieros no era propicia para la introducción de mejoras en la agricultura. Sin embargo, Smith analiza como

[5] Es posible que las dificultades encontradas en el desarrollo de la teoría de la gravitación de precios de mercado alrededor de los precios de producción sean, en parte, responsables de esta deficiencia.

los colonos fueron introduciendo mejoras que permitieron paulatinamente aumentar la producción en la agricultura, a pesar de las restricciones a las exportaciones de granos y los obstáculos al comercio interior.

En los capítulos 3 y 4, Smith aborda el tema de la fundación y el progreso de las ciudades en este periodo y el de cómo las ciudades mejoraron la condición del campo. El proceso de cambio técnico inherente a la producción capitalista está entretejido con la gran división del trabajo entre campo y ciudad. Según Smith, las "mejoras en las manufacturas" (i.e., la introducción de cambios técnicos que aumentan las facultades productivas de los obreros) fomentan el desarrollo agrícola y contribuyen a establecer el orden social, así como mejores condiciones de gobierno. Al reducir los riesgos y acelerar la velocidad de rotación del capital, el comercio internacional y el desarrollo de medios de transporte también son analizados como parte del cambio estructural. El análisis de Smith de los libros segundo, tercero y cuarto de la *Riqueza de las naciones* dibuja un fresco histórico en el que se estudia una de las épocas más fructíferas de cambio social y económico para Europa; el proceso de cambio técnico ocupa en este fresco un lugar de extraordinaria importancia.

Como ya indicamos, Smith excluye la posibilidad de conflictos entre clases sociales provocados por la introducción de nuevas técnicas. Si bien dedica pasajes importantes al estudio de los intereses de las clases sociales y de la manera en que entran en conflicto o en armonía con los intereses generales de la sociedad, el tema de los efectos que tiene la introducción de maquinaria sobre las diferentes clases que conforman la sociedad no es objeto de un capítulo especial. La explicación de este fenómeno está vinculada al hecho de que Smith no considera que la introducción de maquinaria sea la posible generadora de un conflicto entre clases sociales. El desplazamiento de mano de obra debido a la introducción de máquinas en los procesos de producción lo percibe como un falso problema. La introducción de máquinas no conduce a un desplazamiento permanente de mano de obra, sino a una reducción del precio de las mercancías debido al aumento en las "facultades productivas" de los trabajadores, y, por otra parte, a un incremento en la demanda de trabajadores por parte del capital (lo que se traduce en un aumento en los salarios).

Desde este punto de vista, la obra de Adam Smith es un retroceso en relación al análisis de sir James Steuart (1966). En la obra de este autor (cuya primera edición data de 1767 y fue opacada casi por completo por la publicación del libro de Smith nueve años después) hay un capítulo titulado "¿La introducción de maquinaria en las manufacturas, es perjudicial al interés del Estado o dañina para la población?". En este texto, Steuart adelanta los principales elementos de lo que sería la discusión sobre este tema en el siglo XIX. Para Steuart, la introducción de maquinaria puede crear población "redundante" y este hecho exije la intervención del Estado para proteger a los trabajadores desplazados. Sin embargo, Steuart suaviza sus conclusiones y señala que la posibilidad de un desempleo duradero (i.e., no friccional) en sí misma no proviene de la introducción de maquinaria, sino de la rapidez y brutalidad con que las máquinas se introducen en una economía. Si las máquinas son introducidas en forma gradual, la economía está en posibilidades de reabsorber a la población inicialmente desplazada.

En la tercera edición de los *Principios* de Ricardo encontramos una formulación más acabada del estudio sobre las consecuencias que la introducción de la maquinaria tiene en la absorción de fuerza de trabajo (aspecto al que nos referimos, hoy en día, como desempleo tecnológico). En el capítulo 31 de la obra citada, Ricardo reconsidera sus opiniones sobre los efectos de este fenómeno, llegando a la conclusión de que la introducción de maquinaria es muy dañina a los intereses de los trabajadores. Además, Ricardo afirmó que esta opinión no se basaba en prejuicios sino en los principios de la economía política, debido a que la introducción de maquinaria trae consigo una reducción en la demanda de fuerza de trabajo. Pero en este punto, Ricardo introdujo la que ha sido llamada "teoría de la compensación": si el uso de nueva maquinaria se hace de manera gradual, el proceso de acumulación conduce a la reabsorción de la mano de obra desplazada y, en última instancia, todas las clases sociales (propietarios de la tierra, capitalistas y trabajadores) se verán beneficiadas. En este punto, Ricardo es consistente con su idea sobre la imposibilidad de las crisis de sobreproducción.

La visión ricardiana descansa en el supuesto crucial de que el mecanismo de competencia intercapitalista funciona adecuadamente y que la reducción del costo de producción provocada por las nuevas máquinas se traduce en una caída en los precios de mercado de las mercancías.[6] La contribución de Ricardo aporta reflexiones interesantes respecto a las relaciones existentes entre el cambio económico, ligado a variaciones de los flujos intersectoriales de capital y fuerza de trabajo, y el cambio técnico. Es importante señalar que Steuart y Ricardo inician un debate cuya pertinencia se ha mantenido vigente hasta nuestros días. En la actualidad, algunos trabajos minimizan la importancia del espectro del desempleo masivo a causa de los avances tecnológicos recurriendo al viejo argumento ricardiano; basta citar como ejemplo

[6] En otras palabras, para llevar a cabo el análisis en los efectos del cambio técnico en el marco de la teoría neorricardiana, se necesita una teoría coherente sobre la formación de precios de *mercado*.

el apartado sobre desempleo estructural que se encuentra en Reynolds *et al.* (1987:426). En cambio, trabajos como los de Sylos Labini (1966) ponen en tela de juicio este resultado, debido a los obstáculos para que los precios de mercado de las mercancías se reduzcan como resultado de la introducción del cambio técnico. Más aún, el análisis de Smith sobre la gravitación de los precios de mercado alrededor de los precios naturales demuestra claramente que el cambio técnico podría constituir una fuerza más o menos duradera que alterara las formas de mercado.

Por razones obvias, los problemas relacionados con las causas y los efectos del crecimiento económico, así como con la capacidad de un sistema económico dado para absorber fuerza de trabajo, son temas recurrentes en las más diversas corrientes del pensamiento económico. La discusión actual sobre los efectos macroeconómicos de las innovaciones tecnológicas —que permiten un gran ahorro de fuerza de trabajo— tal vez sea el ejemplo más tangible de la pertinencia de estas reflexiones, consideradas durante el largo auge económico de la última postguerra como simples curiosidades históricas. El empleo y sus nexos con el cambio técnico lo abordan de manera explícita muchos de los autores agrupados en esta sección de la bibliografía.

Independientemente de los términos en los que se plantea el debate teórico actual sobre los enunciados de Ricardo, es importante señalar que la teoría económica Post-Ricardo fue abandonando, paulatinamente, el estudio de los efectos del cambio técnico sobre las diferentes clases sociales. De hecho, el tema de la relación entre cambio estructural y cambio técnico fue relegado a un plano muy secundario. Es en la obra de Marx cuando este problema recupera su posición como un tema importante; en la actualidad, Marx constituye una referencia obligada para el estudio del cambio estructural y el cambio técnico.

Lo anterior no es sorprendente si se considera que el cambio técnico está presente en casi todos los conceptos medulares de la obra de Marx. El ejemplo más notable es el concepto de *modo de producción* (pieza central para su crítica a la teoría económica), así como el concepto de desarrollo histórico, definido como el producto de la unidad contradictoria (i.e., dialéctica) de las relaciones sociales de producción y el desarrollo de las fuerzas productivas.

La importancia de la tecnología en la reflexión de Marx ha permitido a algunos autores criticarlo como un determinista tecnológico. En esta línea, tradicionalmente se ha invocado algunos pasajes aislados de la obra de Marx que han servido para identificar un supuesto determinismo tecnológico.[7] Entre los autores no marxistas que sostienen

[7] Un ejemplo es el famoso pasaje sobre el molino y la máquina de vapor (*Miseria de la filosofía*, 1978:91). De hecho, este pasaje está precedido de una reflexión sobre las

una posición contraria destaca Rosenberg (1976), quien ha rebatido esta interpretación a partir de algunos textos de Marx. Nosotros consideramos que la argumentación más contundente en contra de esta interpretación es que una parte central de la obra de Marx está destinada a elaborar la teoría de la determinación histórica de la técnica de producción capitalista y destruir la noción de "neutralidad social" o la supuesta ahistoricidad de la técnica. Este intento es único en la historia del pensamiento económico y de particular interés porque constituye una forma de articulación sumamente interesante entre las nociones cambio técnico y cambio estructural.[8]

Un ejemplo de lo anterior es el análisis de Marx sobre el proceso inmediato de producción, concebido como unidad contradictoria del proceso de trabajo y del proceso de valorización capitalista. Para Marx, en la fase de la subsunción formal del proceso de trabajo al capital, la tecnología no sufre modificaciones. En esta fase, el proceso de trabajo se convierte en el proceso del capital, pero la diferencia con el proceso precapitalista corresponde simplemente a una alteración en la jerarquía (el trabajador debe trabajar para el capitalista). La extracción de la plusvalía se lleva a cabo, esencialmente, a través de la prolongación de la jornada de trabajo (plusvalía absoluta). Posteriormente, el capitalismo alcanza un estadio en su desarrollo en el que el proceso de trabajo se subsume en el capital no sólo en términos formales (Marx, 1981:59 y 73):

> (...) con la producción de la plusvalía relativa (...) se modifica toda la forma real del modo de producción y surge (incluso desde el punto de vista tecnológico) un *modo de producción específicamente capitalista* (...).
> En la subsunción real del trabajo al capital (...) el *modo capitalista de producción*, que ahora se estructura como un modo de producción sui géneris, origina una forma modificada de la producción material. Por otra parte, esa modificación de la forma material constituye la base para el

relaciones sociales de producción y de él se desprende que la tecnología es un reflejo de las relaciones sociales de producción y, por tanto, sólo tiene sentido dentro del modo de producción que la genera.

[8] El estudio de la acumulación primitiva y de la transición de la cooperación a la manufactura y, posteriormente, a la gran industria corresponde al intento de Marx por demostrar que el capital construye una técnica que lleva impresas sus determinaciones históricas. Este análisis forma parte también del intento de Marx por demostrar que "el modo de producción capitalista se presenta como necesidad histórica por transformar el trabajo aislado en trabajo social; pero en las manos del capital, esta socialización del trabajo sólo aumenta las fuerzas productivas para explotarlas con una mayor ganancia" (*El capital*, L.I, capítulo sobre "La cooperación"). Es por ello que Marx ve en el desarrollo del capital una contradicción fundamental entre la acumulación privada y la creciente socialización del trabajo. De esta manera, el análisis de Marx entrelaza elementos de la historia económica y de la historia de la técnica en su crítica de la teoría económica.

desarrollo de la relación capitalista, cuya forma adecuada corresponde, en consecuencia, a determinado grado de desarrollo alcanzado por las fuerzas productivas del trabajo. (Subrayado en el original.)

La etapa de la subsunción real corresponde a la producción de la plusvalía relativa y el cambio técnico ocupa un lugar central en el análisis (Marx, 1977; I:382):

Por consiguiente, mientras que en el caso de la producción de plusvalor bajo la forma considerada hasta aquí habíamos supuesto que el *modo de producción* estaba *dado*, ahora para la producción de plusvalor mediante la *transformación* de trabajo necesario en plustrabajo, de ningún modo basta que el capital se apodere del proceso de trabajo en su *figura históricamente tradicional o establecida* y se limite a *prolongar* su duración. Para aumentar la *fuerza productiva del trabajo*, abatir el *valor de la fuerza de trabajo* por medio del aumento de la fuerza productiva del trabajo y *abreviar* así la parte de la jornada laboral necesaria para la reproducción de dicho valor, el capital tiene que revolucionar las condiciones técnicas y sociales del proceso de trabajo, y por lo tanto el *modo de producción* mismo. (Énfasis en el original.)

En esta fase de su desarrollo, el capital diseña y construye una técnica que lleva "realmente" (i.e., en términos de su forma valor de uso) la huella de las relaciones sociales capitalistas.

Este aspecto del análisis forma parte del estudio sobre las condiciones de valorización del capital. Durante su proceso de valorización, el capital está sometido a una tensión con su contrario, i.e., el trabajo. Necesita eliminar los obstáculos a su valorización y, en parte, el capital satisface esta necesidad estableciendo una técnica de producción que le es "adecuada". En este punto, el análisis de Marx tiene dos vertientes. Por una parte, la transformación real del proceso de producción inmediata permite reducir la porosidad de la jornada de trabajo.[9] Por otra parte, al erigir esta técnica, el capital puede llevar a cabo la expropiación del saber obrero, despojándolo así del último reducto de control sobre el proceso de producción y depositando dicho control en un "agente fiel" (la maquinaria, como trabajo muerto, permite dominar el trabajo vivo). En este momento de su análisis, Marx realiza una crítica de la división técnica del trabajo (parcelización de tareas) entrelazada con una percepción de las *orientaciones* del cambio técnico que la economía política, con sus categorías propias, es incapaz de percibir (Marx, 1977; I:415):

[9] El término aparece en Marx (1977: tomo I; capítulo 13, "Maquinaria y gran industria", p. 499). La porosidad de la jornada de trabajo corresponde a la diferencia entre el tiempo de trabajo social aplicado en la producción y el tiempo de producción. La introducción de máquinas permite reducir esta diferencia.

(...) no bien las distintas operaciones de un proceso de trabajo quedan recíprocamente disociadas y cada operación parcial adquiere, en manos de un obrero parcial, la forma lo más adecuada y por ende lo más exclusiva posible, se vuelve necesario transformar los instrumentos que anteriormente servían a diversas finalidades. La orientación de su cambio de forma resulta de la experiencia acerca de las dificultades especiales que se oponen a la forma no modificada.

En otras palabras, en tanto relación social, el capital tiende a transformar *realmente* los elementos materiales del proceso de trabajo. A pesar de lo sugestivo de esta línea de investigación basada en las mutaciones del proceso de trabajo, pocos estudios la siguieron y permaneció prácticamente olvidada. No fue sino hasta la obra clásica de Braverman (1974) que se imprimió nuevo impulso al análisis de la relación entre las mutaciones en el proceso de trabajo y el desarrollo del capitalismo en el siglo XX. En los últimos diez años han proliferado los estudios sobre este tema y, en la actualidad, parte del debate sobre el impacto de la tecnología asociada a la microelectrónica está relacionada con los problemas de la descalificación de la fuerza de trabajo.

Otro tema interesante que aborda Marx y que hoy es considerado central al estudio del cambio técnico es el de la competencia intercapitalista. Desgraciadamente, este aspecto de su obra tampoco recibió una atención adecuada y tuvo que esperar a Schumpeter, crítico y estudioso de Marx, para recuperar su importancia.[10] La competencia no es concebida por Marx como una simple negación de los monopolios y corporaciones; está vinculada a la necesaria existencia del capital en fracciones que son núcleos individuales de acumulación (Marx, 1980; I:366 y II:168):

Por definición, la *competencia* no es otra cosa que la *naturaleza interna* del *capital*, su determinación esencial, que se presenta y realiza como acción recíproca de los diversos capitales entre sí; la tendencia interna como necesidad exterior.
A través de [la libre competencia] se pone como necesidad exterior para cada capital lo que corresponde a la naturaleza del capital, (...) lo que corresponde al concepto del capital.

El relativo abandono en el que se encuentra el estudio de la competencia intercapitalista dentro de la tradición marxista está ligado al

[10] Posiblemente la falta de atención se explica porque erróneamente se consideró un tema poco importante, tratándose de un fenómeno perteneciente a la "apariencia" de la organización capitalista de la producción. En este sentido, la competencia estaría ligada al estudio de la determinación de los precios de mercado, preocupación tradicional de los economistas vulgares denunciados por Marx.

estado deficiente e incompleto del análisis de Marx sobre los precios de mercado en el tomo III de *El capital*. En efecto, su análisis quedó inconcluso y los elementos que aportó no son consistentes. El debate sobre la teoría de los precios de mercado de Marx no ha desembocado en aportaciones sólidas que permitan insertar el análisis de la competencia y el cambio técnico en un marco más coherente. Por otro lado, Lippi (1976) demostró que el análisis de Marx de la mutación de métodos de producción presenta deficiencias importantes ya que no se distinguen adecuadamente valores, precios de producción y precios de mercado, mezclándose ilícitamente los niveles del análisis.[11] Creemos que estas deficiencias provienen de la ausencia de una teoría coherente sobre la competencia y el proceso de formación de precios de mercado. Es evidente que en el marco de la teoría marxista del valor, el tema reclama un mayor desarrollo teórico sin el cual no es posible afirmar que en la obra de Marx se encuentra una teoría acabada sobre el cambio técnico.

En buena medida, el renacimiento del interés por la obra de Marx se debe a la obra de Schumpeter, autor que debe ser apreciado por sus propios méritos. Interesado en el tema del cambio social, Schumpeter retomó con una orientación radicalmente distinta muchos de los temas tratados por Marx. A pesar de basarse en categorías de la teoría neoclásica que presuponen un proceso de selección de técnicas exógenamente determinadas, Schumpeter utiliza un marco de referencia que concede una importancia determinante a la historia económica y a la historia de la técnica.[12] Su enfoque puede ser apreciado en la concepción del papel del cambio técnico en el capitalismo (Schumpeter, 1950: 82-3):

> El punto esencial es que, al analizar el capitalismo, estamos tratando con un proceso evolutivo. Puede parecer extraño que alguien no pueda ver este hecho tan obvio sobre el que, además, hizo hincapié Karl Marx hace mucho tiempo. (...) El capitalismo, por lo tanto, es por naturaleza una forma o método de cambio económico y no sólo nunca está sino que nunca puede estar en un estado estacionario. Este carácter evolutivo del proceso capitalista no sólo se debe al hecho de que (cambia el entorno). Tampoco se

[11] Lippi demuestra que en varios momentos del análisis de Marx sobre la mutación de técnicas se presentan serias deficiencias. Esos momentos corresponden al estudio de la plusvalía relativa y, por otra parte, al de la oscilación de los precios de mercado alrededor de los valores de mercado (capítulo 10, tomo III de *El capital*).

[12] En relación a los fundamentos neoclásicos de su obra, véase la célebre definición del cambio técnico de Schumpeter: "Impondremos una restricción a nuestro concepto de innovación y entenderemos por innovación, de aquí en adelante, un cambio en una función de producción no de segundo orden, sino de primer o incluso mayor orden de magnitud (Schumpeter:1939; I:94). (Nuestra traducción.)

> debe este carácter evolutivo a un incremento cuasi-automático de la población y el capital o a los caprichos de los sistemas monetarios (...). El impulso fundamental que arranca y mantiene en marcha el motor capitalista proviene de los nuevos bienes de consumo, de los nuevos mercados, de las nuevas formas de organización industrial que la empresa capitalista crea. (Nuestra traducción.)

Este impulso se deja sentir a través de la "destrucción creativa" impuesta por la competencia intercapitalista (*Ibid.*):

> [Estos cambios] son ejemplos del mismo proceso de mutación industrial (si se me permite utilizar este término biológico) que incesantemente revoluciona la estructura económica *desde adentro*, incesantemente destruyendo la vieja e incesantemente creando la nueva. Este proceso de Destrucción Creativa es el hecho esencial del capitalismo. (Nuestra traducción.)

En estos pasajes está sintetizada la importancia del proceso de cambio técnico y de la competencia. Pero la metáfora biológica utilizada dice mucho más sobre la concepción schumpeteriana del cambio estructural. Al igual que en Marx, para Schumpeter el proceso de transformación del capitalismo se hace depender de la dinámica *interna* de las fuerzas que configuran de manera gradual su fisonomía. Es interesante destacar que en Marx y Schumpeter también se encuentran los orígenes de la concepción "evolucionista" del desarrollo económico que en la actualidad son tan importantes. Precisamente en algunos pasajes sobre el cambio técnico, Marx revela la influencia de su lectura del *Origen de las especies* de Darwin.[13]

También es importante la clasificación dicotómica de las innovaciones en "básicas" y "menores" para su análisis de la competencia. En efecto, la concepción de Schumpeter sobre el cambio técnico es más amplia de lo que podría desprenderse de su restricción del término a los cambios de primer orden en una función de producción. En Schumpeter (1936:66) encontramos que las nuevas combinaciones de materiales para producir cubren los siguientes casos: 1) la introducción de un nuevo bien; 2) la introducción de un nuevo método de producción; 3) la apertura de un nuevo mercado; 4) la conquista de una nueva fuente

[13] Un ejemplo importante aparece en la segunda nota del capítulo 15 sobre la maquinaria y la gran industria (véase la nota 31 de este capítulo). Esta nota revela una lectura "tecnológica" de la teoría de la evolución que se basa en una defectuosa interpretación de la obra de Darwin. Sobre la utilización de categorías y conceptos generados por la biología en el análisis económico, Nelson y Winter (1982) señalan que se lleva a cabo con el fin de lograr una mejor teoría *económica*. De esta manera, se "toman prestadas" ideas lamarckianas, ignorando deliberadamente las críticas de que han sido objeto en el marco de la teoría de la evolución. Así, afirman con sentido del humor, se ejerce el derecho perpetuo de los economistas frente a la biología "en virtud del estímulo proporcionado por nuestro predecesor Malthus al pensamiento de Darwin".

de materias primas o bienes semimanufacturados; 5) la creación de una nueva organización industrial (como la creación o destrucción de un monopolio). A partir de esta enumeración y en su definición del "desarrollo", Schumpeter (1934:65) introduce la idea de la distinción entre innovaciones mayores y menores:

> Producir significa combinar materiales y fuerzas a nuestro alcance. Producir otros objetos o los mismos con métodos distintos, significa combinar estos materiales y fuerzas de manera distinta. En la medida en que la "nueva combinación" surge de la anterior por ajustes continuos y graduales hay ciertamente cambio, posiblemente crecimiento, pero no un nuevo fenómeno o desarrollo en nuestro sentido. En la medida en que éste no sea el caso y las nuevas combinaciones aparezcan discontinuamente, entonces surge el fenómeno que caracteriza al desarrollo. (Nuestra traducción.)

Innovaciones básicas y teoría del cambio estructural como variable endógena quedan articuladas en la noción schumpeteriana de desarrollo (i.e., el conjunto de cambios en la vida económica que no se le impone al sistema económico desde afuera, sino que surge desde adentro).

Otro elemento importante de la obra de Schumpeter que ha despertado gran interés en trabajos recientes es el de las concentraciones de innovaciones. En su estudio sobre los ciclos económicos, Schumpeter indica cómo, una vez rotos los obstáculos y vencidas las resistencias a la innovación, surge un enjambre de imitadores que sigue la huella de la empresa innovadora y contribuye a erosionar las ventajas monopólicas del innovador. Este conjunto de innovaciones contiene los elementos para una transformación generalizada de la estructura económica de una economía. El cambio técnico que sigue a la primera innovación tiene dos características importantes identificadas por los historiadores de la técnica. En primer lugar, a causa de las interdependencias y complementariedades tecnológicas existentes entre los diversos sectores de la economía, los cambios técnicos en una rama inducen cambios técnicos en otras ramas. Por ejemplo, para explotar el potencial productivo de un adelanto técnico se requieren materiales, insumos o fuentes de energía que otras ramas deben proporcionar. Al surgir una demanda de los nuevos productos, aparecen oportunidades de inversión otrora inexistentes. En segundo lugar, a lo largo de la vida útil de una innovación, son necesarias una serie de innovaciones "menores" que gradualmente permiten explotar la capacidad productiva de la innovación inicial hasta alcanzar sus límites tecnológicos. En este sentido, toda innovación posee un ciclo de vida bien definido. Al llegar a los límites de la frontera tecnológica que permite alcanzar una innovación, la rentabilidad que ofrece al capital que la explota deja de crecer, se estabiliza y, por efecto de la competencia, comienza a decrecer. Como indicamos más adelante, estos elementos se encuentran presentes en los trabajos sobre trayectorias tecnológicas y ondas largas.

Desafortunadamente, después de la obra de Schumpeter decayó el análisis de la relación existente entre las formas de competencia intercapitalista y el cambio técnico. Muy pocos autores contribuyeron a su estudio; entre las excepciones destacan los trabajos de Downie, Steindl y Sylos Labini (véase el primer ensayo de esta bibliografía). A pesar de ser muy diferentes en el objeto de estudio y en el enfoque adoptado, los trabajos de estos tres autores comparten un rasgo importante. Todos ellos tratan de articular el análisis del proceso competitivo a nivel de una rama de la industria con movimientos de variables macroeconómicas. Sin embargo, aunque la técnica de producción ocupa un lugar importante en estos estudios, sus autores no llegan a formalizar una teoría sobre el cambio técnico y el cambio estructural. Algo similar acontece con el análisis de Paolo Leon (1965): el progreso técnico y la selección de técnicas quedan vinculados al análisis de la acumulación de capital, pero tampoco se ofrece una teoría sobre la determinación del cambio técnico. Sin embargo, este autor propuso una concepción diferente y sumamente interesante del cambio técnico.[14]

Durante los últimos veinte años se han realizado trabajos con diversas orientaciones que se inspiran, en mayor o menor grado, en otros aspectos importantes de las obras de Marx y Schumpeter. Una noción que ha adquirido importancia recientemente en estudios sobre innovaciones y cambio estructural es la de *trayectorias tecnológicas*. No parece existir una definición rigurosa del término, pero podemos afirmar que se trata de una noción que pretende capturar una serie de consideraciones tecnológicas (interdependencias, discontinuidades, complementareidades) y económicas (a través de la difusión y generalización de las innovaciones por el proceso de competencia). Creemos que esta noción todavía no ha recibido un tratamiento conceptual riguroso, pero, por el momento, constituye un elemento importante para el desarrollo de líneas de investigación prometedoras. La concepción de las trayectorias tecnológicas parece estar asociada a la distinción entre innovaciones básicas y secundarias y a la competencia intercapitalista en las diferentes fases de los ciclos económicos. La terminología utilizada por diversos autores pone de manifiesto la existencia de diferentes concepciones sobre la articulación de estos elementos. Términos como la formación de racimos ("clusters") de innovaciones, paradigmas tecno-

[14] El trabajo de Paolo Leon pasó relativamente inadvertido (al igual que el de Downie y el de Steindl). Una de sus virtudes es la de proponer una definición de "técnica de producción" que permita integrar uno de los aspectos más importantes del proceso de innovación (i.e., las discontinuidades tecnológicas). Véase el capítulo 4 y, en particular, la sección sobre el papel del cambio técnico en su modelo.

lógicos, enjambres ("swarms") de innovadores, o el surgimiento de sistemas tecnológicos sirven para calificar el fenómeno, haciendo hincapié en el papel de uno u otro elemento. Aunque no existe uniformidad en la literatura, se puede identificar un hilo conductor subyacente en trabajos como los de Mensch (1979), Nelson y Winter (1982), Dosi (1982), Freeman, Clark y Soete (1982).

La noción de trayectoria tecnológica parece originarse en algunos trabajos de Kuznets (*cf.* Tavares, 1986), para quien una innovación sigue un cierto formato mecánico en el curso de su desarrollo. Los límites ingenieriles que marca este formato y las condiciones económicas determinan la trayectoria o sendero dentro del cual se producen las innovaciones destinadas a mejorar la innovación inicial. Estas innovaciones corresponden a la posibilidad de realizar el potencial productivo que conlleva la innovación primaria. La idea de que existen trayectorias tecnológicas, técnica, económica e institucionalmente determinadas, permite vincular el proceso de cambio técnico con las transformaciones estructurales implícitas en los cambios económicos y sociales.[15]

El tema del nexo entre innovaciones primarias (o generalizables), competencia intercapitalista y transformación estructural también está presente en los estudios sobre "ondas largas" o "ciclos de largo plazo" de las economías capitalistas. Resulta claro que al impulsar la innovación de procesos y productos la competencia intercapitalista da lugar al desarrollo (en el sentido schumpeteriano) y a la diversificación de la estructura de producción. Este proceso va acompañado de rompimientos y sacudidas bruscas ya que es inseparable de alzas y caídas en el ritmo de crecimiento de una economía, a nivel nacional o mundial. La existencia de ciclos económicos, en especial los de mediana duración, aparece como tema de reflexión sistemática en el pensamiento no marxista (desde los escritos del francés Clement Juglar en 1882, a quien debemos la terminología de fases: ascenso, explosión, liquidación), pero es sólo hasta la segunda década del presente siglo cuando se proponen explicaciones no marxistas basadas en las peculiaridades del proceso de inversión o en las expectativas de ganancia. Por otra parte, autores como Kusnetz (1953), interesados en la dinámica de largo plazo de la economía norteamericana, aportaron elementos importantes en este terreno y, desde luego, nuevamente son las contribuciones asociadas al nombre de Schumpeter las que más importancia adquieren en esta

[15] Hemos de reconocer que estas concepciones están en deuda con una generación de investigadores en el ámbito de la historia económica y la historia de la técnica. Además de los trabajos de Rosenberg, destacan David (1974), Habbakuk (1962), Landes (1970), Temin (1964), Hobsbawm (1977) y Hounshell (1984). Para una reseña de las principales aportaciones al campo de la historia de la técnica y su pertinencia para el análisis del cambio estructural, véase el estudio historiográfico de Rosenberg (1982).

tradición de investigación.[16] En *Business Cycles*, este autor asoció las oscilaciones económicas con la dinámica de las innovaciones y, en particular, de las innovaciones básicas. Desde entonces, los estudios más importantes sobre ondas largas abordan el tema del papel que juegan las innovaciones en las diversas fases de los ciclos u ondas. El trabajo de van Duijn (1982) contiene la exposición más minuciosa y completa sobre la evolución de la teoría de ciclos y ondas largas de las economías capitalistas.

Recientemente, diversos autores interesados en el proceso de competencia intercapitalista y la difusión de innovaciones, han concentrado su atención en el estudio de las ondas largas. Al aportar su experiencia sobre la naturaleza del cambio técnico y la difusión de innovaciones, articulan estos elementos con las transformaciones de la estructura económica del capitalismo contemporáneo a través de un análisis de las ondas largas. Un ejemplo de estos autores es Freeman, entre cuyos méritos se encuentra el haber reinsertado la reflexión sobre los problemas de ocupación en el marco de las fases ascendentes y descendentes de los ciclos económicos. En Freeman, Clark y Soete (1982) se analiza un proceso de concentración de innovaciones que está basado en la formación de "enjambres" a la Schumpeter. El análisis del proceso de concentraciones de innovaciones llevado a cabo por estos autores da más importancia al papel del "enjambre" de imitadores que surge en el proceso de competencia; se reconoce a las relaciones intersectoriales de diversas innovaciones como importantes en el periodo de recuperación y de prosperidad, abridoras de las nuevas oportunidades de inversión a las que Schumpeter dio tanta importancia. Por esta razón, creemos que esta aportación va más lejos que el análisis de Mensch de las concentraciones de innovaciones.

En el ámbito del pensamiento marxista, el tema de las crisis siempre ha ocupado un lugar importante. En la obra de Marx, uno de los aspectos centrales de la crisis final del capitalismo es la evolución de la composición orgánica del capital y su impacto sobre la caída en la tasa de ganancia. Aunque esta ley tendencial se ve contrarrestada continuamente por el proceso de cambio técnico, en última instancia debería desembocar en la crisis final del modo de producción capitalista.

[16] En este contexto, es interesante mencionar la atención que el National Bureau of Economic Research (NBER) ha otorgado a los ciclos de negocios ("business cycles"). La segunda conferencia organizada por el NBER sobre este tema se llevó a cabo en 1984. A casi cuarenta años de su primera conferencia, el NBER reunió a los más destacados economistas que trabajan en este campo. En su presentación de los trabajos de la conferencia, Gordon (1986) lamenta que la teoría contemporánea no ofrezca elementos suficientes para explicar la naturaleza de este fenómeno. Tampoco se ha avanzado en la articulación entre ciclos de negocios y las ondas largas.

Sin embargo, la teoría marxista también reconoce la existencia de ciclos en la evolución del capitalismo.[17] En la actualidad, autores marxistas como Mandel (1981) buscan una explicación al fenómeno de las ondas largas a partir de la competencia intercapitalista, las ganancias extraordinarias, la tendencia general de la tasa de ganancia y el cambio técnico.[18]

En los últimos años se ha publicado un gran volumen de escritos sobre la competencia y rivalidad industrial, siguiendo una tradición que podríamos calificar de neoschumpeteriana. La metáfora biológica de Schumpeter al describir el proceso de destrucción creativa ha servido de punto de inspiración de una importante línea de investigación sobre el cambio estructural en las economías capitalistas. Esta línea de trabajo tiene el ambicioso proyecto de reproducir teóricamente el proceso de cambio estructural: sus determinantes y sus resultados. En otras palabras, se trata de endogeneizar lo que hasta ahora se consideraba un dato (y que permanecía, por lo tanto, sin explicación). Dentro de esta corriente destaca el trabajo pionero de Nelson y Winter. Como ya indicamos (capítulo 1 de esta bibliografía), para estos autores la estructura industrial se explica endógenamente por la conexión entre innovaciones reductoras de costos, margen de ganancias creciente, tasa de crecimiento y participación en el mercado de las empresas innovadoras y la contracción de empresas menos innovadoras y rentables. Debido a la incertidumbre, el objetivo de una empresa no se puede describir como una conducta maximizadora de los beneficios, sino como una serie de decisiones (rutinas) vinculadas a condiciones externas a la empresa, precios prominentes y a diversas condiciones internas como su acervo de capital. Las rutinas de elección de técnicas y la regla de decisión que determina la tasa de uso de la capacidad instalada (y en consecuencia, el producto) se pueden describir a través de una cadena de Markov. La colección de valores de una cadena se puede identificar con la noción de "trayectoria tecnológica".

En la visión de Nelson y Winter, estas trayectorias tecnológicas están estrechamente ligadas a la distinción schumpeteriana entre innovaciones básicas y secundarias. Las innovaciones básicas son portadoras del proceso de "destrucción creativa" y son capaces de provocar transformaciones estructurales en la economía. Las innovaciones se-

[17] Véanse las numerosas referencias en el capítulo 25 sobre "La ley general de la acumulación capitalista", tomo I de *El capital*.

[18] El tema de la ley tendencial de la caída en la tasa de ganancia depende de manera fundamental de lo que Marx llama la evolución de la "composición técnica del capital". Esta es la verdadera variable independiente en el análisis de Marx y, por lo tanto, su estudio sobre el aumento de la composición orgánica del capital tampoco constituye una teoría *stricto sensu* sobre el cambio técnico.

cundarias son las que permiten la realización plena del potencial productivo de las primeras. De hecho, las innovaciones secundarias conducen al despliegue íntegro del potencial de las innovaciones primarias y, en consecuencia, a su extinción durante el proceso de crecimiento o de acumulación. Esta posición reconoce el papel de los monopolios y oligopolios en la estructura económica contemporánea y les adjudica mayor poder de innovación, punto de partida de un mayor poder económico a corto plazo.

El análisis de las llamadas "formas de regulación" de la acumulación capitalista, ha dado lugar a una vigorosa línea de investigación que trata de interpretar las aportaciones de la historia económica a través de instrumentos que se inspiran en la teoría marxista. Esta escuela considera que la teoría contemporánea del cambio estructural requiere de un concepto apropiado de *reproducción* social. A partir de elementos en la obra de Marx, Aglietta (1980) afirma la necesidad de utilizar el concepto de *regulación* para explicar la manera en que se reproduce la estructura determinante de un modo de producción a través de leyes generales. Sin embargo, leyes generales no significa leyes abstractas y ahistóricas (Aglietta, 1980:14):

> El estudio de la regulación del capitalismo no puede ser la investigación de leyes económicas abstractas. Es el estudio de la transformación de relaciones sociales que crea formas nuevas, económicas y no económicas, organizadas en estructuras que reproducen una estructura determinada, a saber, el modo de producción. Este estudio debe explicitar el sentido general del materialismo histórico: el desarrollo de las fuerzas productivas bajo la influencia de la lucha de clases y la transformación de las condiciones de esta lucha y de las formas en las que se concreta bajo la influencia de este desarrollo.

Por esta razón, la historia económica y social es la materia prima de los estudios sobre la regulación. Por ésta se entienden los procesos vinculados con la producción y el uso del producto excedente que garanticen durante un periodo prolongado el funcionamiento adecuado de un sistema de producción y que definen su "régimen de acumulación". Aunadas a este régimen, existen relaciones sociales denominadas "formas estructurales", asociadas a la lucha de clases y condicionadas por los efectos de diferentes modalidades de intervención estatal. Las formas institucionales implícitas en cada régimen de acumulación son de muy diversa índole: relaciones monetarias y financieras, relaciones concretas entre capital y fuerza de trabajo, formas de competencia, inserción en la división internacional del trabajo, etc. Por esta razón, el cambio técnico adquiere pertinencia para la escuela regulacionista, particularmente desde el punto de vista de las transformaciones del proceso de trabajo y sus implicaciones en la reproducción de la relación salarial y, a través de la determinación de la "norma salarial", por sus efectos sobre el ritmo de la acumulación. En Boyer (1986) se puede encontrar una síntesis de la posición de estas transformaciones en cada uno de los modos de regulación.

Para estos investigadores, la conjunción de un determinado tipo de régimen de acumulación y de ciertas formas estructurales define formas determinadas de regulación de la sociedad capitalista. A su vez, estas distintas formas de regulación explican la existencia de modalidades diversas de expresión de las crisis del capitalismo. La escuela de la regulación hace hincapié en la importancia del estudio de las crisis económicas como rupturas en el marco de la continuidad de la reproducción de las relaciones sociales capitalistas. Por ello, las crisis del capitalismo son consideradas periodos de intensa creación social, transformación tecnológica y modificaciones del régimen de acumulación. En esta vertiente, se establece un punto de contacto muy importante entre la escuela de la regulación y los análisis de ondas largas.

La escuela de la regulación también mantiene un punto de contacto importante con los estudios de las transformaciones generalizadas del proceso de trabajo (por ejemplo, a través del taylorismo y el fordismo) y ha puesto de manifiesto la urgente necesidad de realizar trabajos de historia de la técnica y de historia económica. Una aportación precursora en el estudio del proceso del trabajo es la obra de Braverman que ya hemos citado, aunque en algunos puntos su análisis del proceso del trabajo se pueda considerar incompleto (véase, por ejemplo, su tratamiento del trabajo productivo e improductivo en los países capitalistas avanzados, y en especial en los Estados Unidos). Además, a pesar del título de su obra, el análisis se concentra en el proceso de trabajo y se establece poca relación entre sus transformaciones y las formas de competencia. En relación con esta cuestión, sobresale la aportación de Tavares (1982) sobre la relación entre competencia intercapitalista, estructura u organización industrial, cambio técnico y transformaciones del proceso de trabajo. Se trata de uno de los pocos estudios que articulan las transformaciones en el proceso de trabajo con las formas que adopta la competencia intercapitalista a fin de explicar la determinación de estructuras industriales.

Un grupo importante de trabajos incluidos en este capítulo está dedicado al estudio de las relaciones entre cambio técnico y localización espacial de la actividad económica. Este es otro de los aspectos del cambio estructural que trae aparejado el cambio técnico y que comienza a recibir la atención que merece. En el pasado, algunas investigaciones se concentraron en el papel desempeñado por las innovaciones básicas en la evolución de la geografía económica de un país o una región. Un ejemplo importante es el clásico estudio de Fishlow (1971), que permitió desentrañar la manera en que la introducción de una sola innovación preparó la reestructuración de la geografía económica de los Estados Unidos en un lapso de escasos veinte años. El crecimiento vertiginoso del kilometraje de vía férrea (de 12 000 kilómetros en 1849 a más de 48 000 en 1859) y la serie de innovaciones que acompañaron la expansión del ferrocarril (nuevos sistemas de balasto, durmientes, diseño de rieles, además de los adelantos en el material rodante y fuerza de arrastre) tuvieron un impacto fundamental en los niveles de la producción agrícola, así como en la estructura de costos y desarrollo de las manufacturas. Si bien es cierto que este estudio pionero se concentró en el tema de los eslabonamientos hacia adelante del ferrocarril, también es necesario tener en cuenta los eslabonamientos hacia atrás, particularmente en relación con la industria de bienes de capital. Sobre este punto, destaca la estrecha relación que mantuvo el trabajo de Fishlow con los debates sobre las "etapas del crecimiento" (Rostow) y la "estrategia del desarrollo" (Hirschman).[19] En la actualidad, los trabajos de la llamada escuela de la regulación necesitan de este tipo de investigaciones en las que la historia económica se entreteje con la historia del desarrollo de la técnica.

Recientemente se han comenzado a llevar a cabo investigaciones sobre este aspecto del cambio estructural en las cuales se utilizan elementos conceptuales más ricos y complejos. Un buen ejemplo es el excelente trabajo de Markusen (1986) que representa un adelanto importante en este terreno. En una investigación que abarca la historia económica reciente de los Estados Unidos y tomando como marco de referencia la concepción de Marx-Schumpeter sobre la competencia, Ann Markusen vincula el comportamiento cíclico de las ganancias a nivel de rama industrial, el proceso de concentración de capitales y la localización geográfica de la industria. Una de las conclusiones de este trabajo es que el desplazamiento de las industrias no se puede explicar por variaciones en las dotaciones de factores o cambios en los patrones de demanda. El factor de explicación más importante reside en la articulación entre las estrategias de las empresas y la fase de cada ciclo. Así, por ejemplo, en una rama con una estructura marcadamente oligopólica, la producción tiende a permanecer concentrada en su locali-

[19] De hecho, el propio Fishlow aceptó ubicar su investigación en el marco de un debate con las interpretaciones de Walt Rostow sobre el impacto del ferrocarril en la industria manufacturera. En el capítulo 8 de su obra, Fishlow hace hincapié en el hecho de que, en 1850, la expansión ferroviaria impactó mayormente a la agricultura que a la industria manufacturera. El debate gira alrededor de la importancia relativa de los eslabonamientos hacia atrás o hacia adelante y, en particular, sobre la afinidad de los productos agrícolas con el modo de transporte a granel que ofrece el ferrocarril. Este punto puede compararse con el hecho de que, en nuestro país, el transporte de granos se realiza, en su mayor parte, por carretera.

zación original y la dispersión se hace más difícil. Las ramas que experimentan ganancias extraordinarias o que recientemente han sido creadas como espacios económicos por el cambio técnico tienden, en cambio, a establecerse en regiones nuevas.

## REFERENCIAS

Aglietta, M., *Regulación y crisis del capitalismo: la experiencia de los Estados Unidos*, México, Siglo XXI, 1980.

Benetti, Carlo, *Smith: la teoria economica della società mercantile*, Milán, Etas Libri, 1979.

Boyer, R., "Technical Change and the Theory of 'Régulation'". Trabajo presentado en la reunión de IFIAS-SPRU sobre "Cambio técnico y teoría económica", Lewes, Sussex, octubre, 1986.

Braverman, H., *Labor and Monopoly Capital: The Degradation of Work in the Twentieth Century*, Nueva York, Monthly Review Press, 1974.

David, P. A., *Technical Change, Innovation and Economic Growth*, Londres, Cambridge University Press, 1974.

Dosi, G., *Technical Change and Industrial Transformation*, Londres, MacMillan Press Ltd., 1984.

Duijn, van, J. J., *The Long Wave in Economic Life*, Londres, George Allen & Unwin, 1983.

Fishlow, Albert, *American Railroads and the Transformation of the Ante-Bellum Economy*, Cambridge, Mass., Harvard University Press, 1971. Primera edición 1965.

Freeman, C. (compilador), *Long Waves in the World Economy*, Londres, Frances Pinter, 1984.

————————, J. Clark y L. Soete, *Unemployment and Technical Innovation. A Study of Long Waves and Economic Development*, Londres, Frances Pinter, 1982.

Gordon, Robert J., *The American Business Cycles. Continuity and Change*, National Bureau of Economic Research (NBER). Studies in Business Cycles, vol. 25. Chicago y Londres, University of Chicago Press, 1986.

Habbakuk, H. J., *American and British Technology in the Nineteenth Century*, Cambridge, Cambridge University Press, 1962.

Hirschman, A. O., *La estrategia del desarrollo económico*, México, Fondo de Cultura Económica, 1961.

Hobsbawm, E. J., *The Age of Revolution. Europe 1789-1848*, Londres, Abacus Sphere Books, 1977.

Hounshell, David A., *From the American System to Mass Production (1800-1932)*, (The Development of Manufacturing Technology in the United States), Baltimore y Londres, The Johns Hopkins University Press, 1984.

Kusnetz, S., *Economic Change*, Nueva York, W. W. Norton, 1953.

Landes, David S., *The Unbound Prometheus*, Londres, Cambridge University Press, 1970.

Leon, Paolo, *Structural Change and Growth in Capitalism*, Baltimore, The Johns Hopkins University Press, 1965.

Leijonhufvud, Axel, "Capitalism and the Factory System", en *Economics as a Process: Essays in the New Institutional Economics*, Langlois, Richard N. (compilador), Cambridge, Cambridge University Press, 1986.

Lippi, M., *Marx: il valore come costo sociale reale*, Milán, Etas Libri, 1976.

Mandel, E., "Explaining Long Waves of Capitalist Development", en *Futures*, vol. 13, núm. 4, 1981.

Marx, K., *El capital*, tomo I, vol. 2, México, Siglo XXI, 1977.

____________, *Miseria de la filosofía*, México, Siglo XXI, 1978.

____________, *Elementos fundamentales para la crítica de la economía política (Grundrisse)*, vol. 1 y 2, México, Siglo XXI, 1980.

__________, *Libro I - Capítulo VI. Inédito*, México, Siglo XXI, 1981.

Mensch, G., *Stalemate in Technology. Innovations Overcome the Depression*, Cambridge, Mass., Ballinger Publishing Company, 1979.

Nelson, R. y S. Winter, *An Evolutionary Theory of Economic Change*, Cambridge, Mass., The Belknap Press of Harvard University Press, 1982.

Pinto, Aníbal, "Concentración del progreso técnico y de sus frutos en el desarrollo latinoamericano", *El Trimestre Económico*, núm. 125, enero-marzo, 1965. Reproducido en: *Inflación: raíces estructurales* (ensayos de Aníbal Pinto), México, Fondo de Cultura Económica, 1973.

__________, "Heterogeneidad estructural y modelo de desarrollo reciente de la América latina", en *Inflación: raíces estructurales* (ensayos de Aníbal Pinto), México, Fondo de Cultura Económica, 1973.

Prebisch, Raúl, "El desarrollo económico de la América Latina y sus principales problemas", *Boletín Económico de América Latina*, vol. 7, núm. 1, febrero, 1962.

Reynolds, G., *et al.*, *The Economics of Labor*, Englewood Cliffs, N.J., Prentice Hall, 1987.

Ricardo, David, *Principios de economía política y tributación, obras y correspondencia de David Ricardo* (edición de Sraffa), vol. 1, México, Fondo de Cultura Económica, 1959.

Rosenberg, Nathan, "Karl Marx on the Economic Role of Science and Technology", en *Perspectives on Technology*, Cambridge, Cambridge University Press, 1976.

__________, "The Historiography of Technical Progress", en *Inside the Black Box: Technology and Economics*, Cambridge, Cambridge University Press, 1982.

Schumpeter, J., *The Theory of Economic Development*, Cambridge, Mass., Harvard University Press, 1968. Primera edición 1934.

__________, *Business Cycles*, Nueva York, McGraw Hill, 1939.

__________, *Capitalism, Socialism and Democracy*, Nueva York, Harper and Row, 1950. Primera edición 1942.

Smith, Adam, *Investigación sobre la naturaleza y causa de la riqueza de las naciones*, México, Fondo de Cultura Económica, 1981.

Steuart, Sir James, *An Inquiry into the Principles of Political Economy*, Chicago, University of Chicago Press, 1966. Primera edición 1767.

Sylos Labini, Paolo, *Oligopolio y progreso técnico*, Barcelona, Oikos Tau, 1966.

Temin, P., *Iron and Steel in Nineteenth Century America*, Cambridge, Mass., The MIT Press, 1964.

## LIBROS Y DOCUMENTOS


Abernaty, William J., *Industrial Renaissance: Producing a Competitive Future for America*, Basic Books, Nueva York, 1983. [2]

Abramovitz, Moses, *Inventories and Business Cycles (With Special Reference to Manufacturers Inventories)*, National Bureau of Economic Research, Nueva York, 1950. [1]

Adams, Walter, *The Structure of American Industry*, The MacMillan Co., Nueva York, 1950. [1]

Aglietta, Michel, *Regulación y crisis del capitalismo: la experiencia de los Estados Unidos*, Siglo XXI, México, 1979. [3]

____________, *A Theory of Capitalist Regulation: The US experience*, New Left Books, Londres, 1979. [10]

Akerman, Johan, *Structures et cycles économiques*, Presses Universitaires de France, París, 1955. [6]

Amin, Ash y John Goddard (compiladores), *Technological Change, Industrial Restructuring and Regional Development*, George Allen & Unwin, Londres, 1986. [10]

Amin, Samir, *La acumulación a escala mundial: Crítica de la teoría del subdesarrollo*, Siglo XXI, México, 1974. [3]

Angell, James W., *Investment and Business Cycles*, McGraw-Hill, Nueva York, 1941. [1]

Ayres, C. E., *The Theory of Economic Progress: A Study of the Fundamentals of Economic Development and Cultural Change*, Schocken Books, Nueva York, 1968. [1,3]

Bairoch, Paul, *Revolución industrial y subdesarrollo*, Siglo xxi, México, 1974. [9]

Balassa, Bela, *The Changing International Division of Labor in Manufactured Goods*, International Bank of Reconstruction and Development, Washington, 1979. [1]

Baldwin, Robert E., *Economic Development and Growth*, John Wiley & Sons, Nueva York, 1972. [3]

Ballance, Robert H. y Stuart W. Sinclair, *Collapse and Survival: Industrial Strategies in a Changing World*, George Allen & Unwin, Londres, 1983. [10]

Baran, Paul A., *El capital monopolista. Ensayo sobre el orden económico y social de los Estados Unidos*, Siglo xxi, México, 1975. [4]

Baumol, W. J., *Business Behavior, Value and Growth*, The MacMillan Co., Nueva York, 1959. [1]

____________ y Kenneth McLennan (compiladores), *Productivity Growth and U. S. Competitiviness*, Oxford University Press, Nueva York y Oxford, 1985. [10]

Behari, Bepin, *Economic Growth and Technological Change in India*, Vikas, Delhi, India, 1974. [4]

Benko, François, *La revolución industrial en el mundo*, Universidad Central de Venezuela, Caracas, 1979. [3]

Benson, Ian, *New Technology and Industrial Change: The Impact of the Scientific-Technical Revolution on Labour and Industry*, Kegan Paul, Londres, 1983. [4]

Bensoussan, Claude, *Progrès technique et distorsions économiques internes*, Cujas, París, 1967. [3]

Berle, Adolf A., *The 20th Century Capitalist Revolution*, Harcourt, Brace and Co., Nueva York, 1954. [1]

Bernal, Sahagún Víctor M., *Empresas transnacionales en México y América Latina: Ensayos sobre tecnología, clase obrera y relaciones internacionales*, Instituto de Investigaciones Económicas, México, 1982. [4]

Bernard, Harvey Russell, *Tecnología y cambio social*, Editores Asociados, México, 1972. [7]

__________ y Pertti J. Pelto, *Technology and Social Change*, The MacMillan Co., Nueva York, 1972. [1]

Bessant, John y Sam Cole, *Stacking the Chips: Information Technology and the Distribution of Income*, Frances Pinter, Londres, 1985. [10]

Blomstrom, Magnus, *Foreign Investment, Technical Efficiency and Structural Change: Evidence from the Mexican Manufacturing Industry*, Kompendiet-Lindome, Suecia, 1983. [3]

Bluestone, Barry and Harrison Bennett, *The De-industrialization of America: Plant Closings, Community Abandonment, and the Dismantling of Basic Industry*, Basic Books, Nueva York, 1982. [3]

Bober, Stanley, *The Economics of Cycles and Growth*, John Wiley and Sons, Nueva York, 1968. [1]

__________, *Los ciclos y el crecimiento económico*, Amorrortu, Buenos Aires, 1971. [6,7]

Boehler, Eugen, *La estructura del proceso industrial y las relaciones entre los valores globales en la economía de mercado*, Instituto de Investigaciones Económicas y Sociales, Caracas, 1968. [6]

Bond, Floyd A., *Technological Change and Economic Growth*, University of Michigan Press, Michigan, 1965. [1]

Bos, H. C. *et al.*, *Economic Structure and Development*, North-Holland Publishing Co., Amsterdam, 1973. [3,9]

Boserup, Ester, *Population and Technological Change: A Study of Long-Term Trends*, University of Chicago Press, Chicago, 1981. [2]

Bosworth, Derek L. (compilador), *The Employment Consequences of Technological Change*, The MacMillan Press Ltd., Londres, 1983. [10]

Bowen, R. H. y Garth L. Mangum (compiladores), *Automation and Economic Progress*, Prentice-Hall, Englewood Cliffs, N.J., 1966. [4]

Boyer, R., *Déterminants et évolution probable de la productivité et de l'emploi: un essai de synthèse de travaux récents*, CEPREMAP 7922, París, 1979. [10]

___________, *Technical Change and the Theory of "Regulation"*, SPRU, University of Sussex, mimeo, 1986. [10]

___________ y B. Coriat, *Technical Flexibility and Macro Stabilisation*, Conference on Innovation Diffusion, Venecia, Italia, 1986. [10]

___________ y P. Petit, *Les rélations croissance, productivité, emploi: une bibliographie de travaux de base*, CEPREMAP 7922, Annexe, París, 1979. [10]

___________ y P. Petit, *Forecasting the Impact of Technical Change on Employment: Methodological Reflections and Proposals for Research*, CEPREMAP 110, París. [10]

Braverman, Harry, *Labor and Monopoly Capital: The Degradation of Work in the Twentieth Century*, Monthly Review Press, Nueva York y Londres, 1974. [4]

Brenner, Y. S., *Capitalism, Competition and Economic Crisis: Structural Changes in Advanced Industrialised Countries*, Kapitan Szabo Publishers, Washington D.C., 1984. [10]

Broadbridge, Seymur A., *Industrial Dualism in Japan: A Problem of Economic Growth and Structural Change*, Cass, Londres, 1966. [6]

Bruno, Michael y Jeffrey Sachs, *Economics of Worldwide Stagflation*, Basil Blackwell, Oxford, 1985. [10]

Bruton, Henry J., *Economic Development and Labor Use*, Williams College, Williamston, Mass., 1979. [1]

Burns, Arthur F., *Business Cycle Research and the Needs of Our Times*, National Bureau of Economic Research, Nueva York, 1953. [1]

Calmsfors, Lars y Henrik Horn (compiladores), *Trade Unions, Wage Formation and Macroeconomic Stability*, The MacMillan Press Ltd., Londres, 1986. [10]

Carter, C. F. y C. F. Williams, *La industria y el progreso técnico*, Rialp, S. A., Madrid, 1961. [1,6]

Castaingts Teillery, Juan, *Algunas notas en torno a los problemas tecnológicos del desarrollo económico*, UNAM, México, 1967. [1]

Clark, Colin, *The Conditions of Economic Progress*, The MacMillan Co., Londres, 1957. [4,9]

Clark, John Maurice, *Strategic Factors in Business Cycles*, National Bureau of Economic Research, Nueva York, 1935. [1]

Clark, Norman, *The Political Economy of Science and Technology*, Basil Blackwell, Oxford, 1985. [10]

___________ y C. Juma, *Evolutionary Perspectives on Economic Change: A systems Approach*, SPRU, University of Sussex, mimeo, 1986. [10]

Creamer, Daniel y M. Bernstein, *Behavior of Wage Rates during Business Cycles*, National Bureau of Economic Research, Nueva York, 1950. [1]

Chamberlain, Neil W., *A General Theory of Economic Processes*, Harper & Brothers, Nueva York, 1955. [1]

Chenery, Hollis y Moises Syrquin, *Patterns of Development 1950-1970*, Oxford University Press, Londres, 1975. [3]

David, P., *Technical Choice, Innovation and Economic Growth*, Cambridge University Press, Nueva York, 1975. [4]

Denison, Edward F., *Trends in American Economic Growth 1929-1982*, The Brookings Institution, Washington, 1985. [3]

___________, *Accounting for Slower Economic Growth: The U.S. in the 1970s*, The Brookings Institution, Washington, 1979. [3]

Desrousseaux, Jacques, *L'évolution économique et le comportement industriel*, Dunod, París, 1966. [6]

Dobb, Maurice, *Estudios sobre el desarrollo del capitalismo*, Siglo XXI, Buenos Aires, 1975. [4]

___________, *Capitalismo, crecimiento económico y subdesarrollo*, Oikos Tau, Barcelona, 1979. [3]

Duesenberry, James S., *Business Cycles and Economic Growth*, McGraw-Hill Book Co., Nueva York, 1958. [9]

Dunlop, John Thomas, *Automation and Technological Change*, Prentice-Hall, Englewood Cliffs, N.J., 1962. [4]

Edwards, Richard C., *The Capitalist System: A Radical Analysis of American Society*, Prentice-Hall, Englewood Cliffs, N.J., 1972. [1,3]

Fabricant, Solomon, *Basic Facts on Productivity Change*, National Bureau of Economic Research, Nueva York, 1959. [9]

Fajnzylber W., Fernando y Trinidad Martínez Tarragó, *Las empresas transnacionales: expansión a nivel mundial y proyección en la industria mexicana*, CONACYT, México, 1975. [4]

Feller, Charlotte, *Restructuring the Industrial Economies and Trade with Developing Countries*, Organización Internacional del Trabajo, Ginebra, 1978. [8]

Flamant, Maurice, *Crisis y recesiones económicas*, Oikos Tau, Barcelona, 1971. [7]

Fledde'rus, Mary L. y Mary Van Kleeck, *Technology and Livelihood. An Inquiry into the Changing Technological Basis for Production as Affecting Employment and Living Standards*, Russell Sage Foundation, Nueva York, 1944. [1]

Forrester, Jay W., *Industrial Dynamics*, John Wiley & Sons, Nueva York, 1961. [1]

Frame, J. Davidson, *International Business and Global Technology*, Lexington Books, Nueva York, 1980. [2]

Fransman, Martin (compilador), *Machinery and Economic Development*, The MacMillan Press Ltd., Londres, 1986. [10]

Freedman, David H., *Employment: Outlook and Insights. A Collection of Essays on Industrialized Market-Economy Countries*, Organización Internacional del Trabajo, Ginebra, 1979. [2]

Freeman, Christopher, John Clark y Luc Soete, *Unemployment and Technical Innovation: A Study of Long Waves and Economic Development*, Greenwood Press, Nueva York, 1982. [2]

Frickey, Edwin, *Economic Fluctuations in the U. S.: A Systematic Analysis of Long-run Trends and Business Cycles 1866-1942*, Harvard University Press, Cambridge, Mass., 1942. [1]

Frobel, Folker *et al.*, *La nueva división internacional del trabajo: paso estructural en los países industrializados e industrialización de los países en desarrollo*, Siglo XXI, México, 1981. [6]

Gabor, Dennis, *Innovations: Scientific, Technological and Social*, Oxford University Press, Nueva York, 1970. [4]

Galbraith, John Kenneth, *The New Industrial State*, New American Library, Nueva York, 1972. [3,5]

___________, *Economic Development*, Houghton Mifflin, Boston, 1969. [3]

___________, *El nuevo estado industrial*, Ariel, Barcelona, 1967. [9]

George, Peter, *The Emergence of Industrial America: Strategic Factors in American Economic Growth*, State University of New York Press, Nueva York, 1982. [3]

Giersch, Herbert, *The International Division of Labour: Problems and Perspectives*, J. C. B. Mohr, Tubingen, 1974. [3]

Goodwin, R. M., *Essays in Economic Dynamics*, The MacMillan Co., Londres, 1982. [3]

Green, Reginald Herbold, *Stages in Economic Development. Changes in the Structure of Production, Demand, and International Trade*, Economic Growth Center, Paper 125, Yale University, s. f.. [9]

Grossmann, Henry K., *La ley de la acumulación y el derrumbe del sistema capitalista. Una teoría de la crisis*, Siglo XXI, México, 1979. [4]

Gunter, Hans, *Transnational Industrial Relations: the Impact of Multinational Corporations and Economic Regionalism on Industrial Relations*, MacMillan, Londres, 1972. [5]

Gutman, Herbert George, *Work, Culture, and Society in Industrializing America. Essays in America Working-Class and Social History*, Random House, Nueva York, 1976. [2]

Habakkuk, H. J., *American and British Technology in the Nineteenth Century: the Search for Labour-Saving Inventions*, Cambridge University Press, Cambridge, Inglaterra, 1962. [4]

Haberler, Gottfriend, *Economic Growth and Stability. An Analysis of Economic Change and Policies*, Nash Publishing Company, Los Angeles, California, 1974. [1]

Hamberg, Daniel, *Economic Growth and Instability. A Study in the Problem of Capital Accumulation, Employment, and the Business Cycles*, W. W. Norton & Company, Nueva York, 1956. [9]

__________, *Economic Growth and Instability. A Study in the Problem of Capital Accumulation, Employment, and the Business Cycle*, Greenwood, Westport, Connetticut, 1978. [4]

Hansen, Alvin Harvey, *Business Cycles and National Income*, W. W. Norton & Company, Nueva York, 1964. [2]

Harris, Donald J., *Capital Accumulation and Income Distribution*, Standford University Press, Standford, California, 1978. [9]

Hayek, Friederich A., *Profits, Interest and Investment and Other Essays on the Theory of Industrial Fluctuations*, Kelley, Clifton, N.J., 1975. [3]

Hazewindus, Nico, *The U.S. Microelectronics Industry: Technical Change, Industrial Growth and Social Impact*, Pergamon Press, Nueva York, 1982. [2]

Hetzler, Stanley A., *Technological Growth and Social Change: Achieveing Modernization*, Praeger, Nueva York, 1969. [5]

Hicks, John, *Crisis' 75?*, Institute of Economic Affairs, Londres, 1975. [3]

Hill, Christopher T., *Technological Innovation for a Dynamic Economy*, Pergamon Press, Nueva York, 1979. [9]

Hirschman, A. O., *La estrategia del desarrollo económico*, Fondo de Cultura Económica, México, 1961. [4]

Hoffman, Walther, *The Growth of Industrial Economics*, Manchester University Press, Londres, 1958. [4]

Hollis, Chenery, *Structural Change and Development Policy*, The International Bank of Reconstruction and Development, Nueva York, 1979. [2]

Hounshell, David A., *From the American System to Mass Production: 1800-1932*, Johns Hopkins University Press, Baltimore, 1984. [10]

Horinaka, Koroshi, *Exploitation Among Nations as a Factor of Stagnation of Productivity in Underdeveloped Countries*, Science Council of Japan, Division of Economics, Tokio, 1968. [9]

Hultgren, Thor, *Cost, Prices, and Profits: Their Cyclical Relations*, Columbia University Press, Nueva York, 1965. [1]

___________, *Changes in Labor Cost During Cycles in Production and Business*, National Bureau of Economic Research, Nueva York, 1966. [1,9]

Hunter, L. C., G. L. Reid y D. Boddy, *Labour Problems of Technological Change*, George Allen & Unwin Ltd., Londres, 1970. [1]

Hymer, Stephen H., *Empresas multinacionales: la internacionalización del capital*, Periferia, Buenos Aires, 1972. [4,10]

Ibarra, José, *Dinámica de la evolución tecnológica, el empleo y la distribución del ingreso a largo plazo*, Colegio Nacional de Economistas, México, 1980. [4]

Ichiro, Nakayama, *Industrialization of Japan*, The Centre for East Asian Cultural Studies, Tokio, 1963. [4]

Jenness, R. A., *Manpower and Employment: Problems and Prospects*, OECD, París, 1978. [5]

Jewkes, John, *The Sources of Invention*, The McMillan Company, Londres, 1962. [1,2]

Jowett, Paul y Margaret Rothwell (compiladores), *The Economics of Information Technology*, The MacMillan Press Ltd., Londres, 1986. [10]

Kahn, Richard, *Selected Essays on Employment and Growth*, Cambridge University Press, Cambridge, 1972. [1]

Kendrick, W. John (compilador), *International Comparisons of Productivity and Causes of the Slowdown*, American Enterprise Institute/Ballinger, Cambridge, Mass., 1984. [4]

Kerr, Clark, *Industrialism and Industrial Man: the Problems of Labor and Management in Economic Growth*, Harvard University Press, Cambridge, Mass., 1960. [4]

Kleinknecht, Alfred, *Innovation Patterns in Crisis and Prosperity: Schumpeter's Long Cycle Reconsidered*, The MacMillan Press Ltd., Londres, 1987. [10]

Koshimura, Shinzaburo, *Theory of Capital Reproduction and Accumulation*, DPG, Ontario, 1975. [3]

Krueger, Anne O., Larry Hal B., *et al.*, *Trade and Employment in Developing Countries*, Chicago University Press, Chicago, 1975. [1]

Kusnetz, Simon, *Economic Growth: Brazil, India, Japan*, Duke University Press, Durham, Carolina del Norte, 1956. [9]

__________, *Capital in the American Economy: Its Formation and Financing*, Princeton University Press, Princeton, N.J., 1961. [3]

__________, *Postwar Economic Growth*, Harvard University Press, Cambridge, Mass., 1964. [3]

__________, *Economic Growth and Structure: Selected Essays*, Heinemann, Londres, 1966. [6]

__________, *Economic Growth of Nations: Total Output and Production Structure*, Harvard University Press, Cambridge, Mass., 1971. [1]

__________, *Population, Capital, and Growth: Selected Essays*, Heinemann Educational Books, Londres, 1974. [9]

Landes, David S., *The Unbound Prometheus: Technological Change and Industrial Development in Western Europe from 1750 to the Present*, Cambridge University Press, Cambridge, Inglaterra, 1969. [1,4]

__________, *Progreso tecnológico y revolución industrial*, Tecnos, Madrid, 1979. [5]

Lefebvre, Henri, *La survie du capitalisme; la re-production des rapports de production*, Anthropos, París, 1973. [4]

Leon, Paolo, *Structural Change and Growth in Capitalism: A Set of Hypothesis*, The Johns Hopkins Press, Baltimore, 1967. [1,6,10]

Liebling, Herman I., *U. S. Corporate Profitability and Capital Formation. Are Rates of Return Sufficient?*, Pergamon Press, Nueva York, 1980. [4]

Lipietz, Alain, *Fordisme, fordisme péripherique et metropolisation*, CEPREMAP 8514, París, 1985. [10]

Lockwood, William W., *The Economic Development of Japan: Growth and Structural Change 1868-1938*, Princeton University Press, Princeton, N.J., 1954. [1,3,6,9]

Long, Clarence D., *The Labor Force Under Changing Income and Employment*, Princeton University Press, Princeton, N.J., 1958. [9]

Lowe, Adolph, *The Path of Economic Growth*, Cambridge University Press, Cambridge, Inglaterra, 1976. [4]

Lund, Robert T. y John A. Hansen, *Keeping America at Work: Strategies for Employing the New Technologies*, John Wiley & Sons, Nueva York, 1986. [10]

Machlup, Fritz, *The Political Economy of Monopoly: Business, Labor and Goverment Policies*, The Johns Hopkins Press, Baltimore, 1952. [4,6]

Mackenzie, Donald y Judy Wajcman, *The Social Shaping of Technology (How the Refrigerator Got its Hum)*, Open University Press, Milton Keynes, Inglaterra, 1985. [10]

Magaline, A. D., *Lutte de classes et dévalorisation du capital: Contribution à la critique du revisionnisme*, Maspero, París, 1975. [4]

Manchester, Harland Frank, *New World of Machines, Research, Discovery, Invention*, Random House, Nueva York, 1945. [7]

Mandel, Ernest, *Concentración industrial de capitales y supranacionalidad*, Instituto del Libro, La Habana, 1969. [6]

___________, *La recesión generalizada*, Transición, México, 1979. [4]

__________, *La crisis*, Fontamara, Barcelona, 1975. [3]

__________, *Late Capitalism*, New Left Books, Londres, 1976. [4]

Mandy, Paul, *Progrès technique et emploi: Aspects structurels de la théorie del' emploi*, Librairie Universitaire, Lovaina, 1967. [6]

Marcus, Edward, *Economic Progress and the Developing World*, Scott, Foresman and Co., Glenview, 1971. [1]

Marglin, A. Stephen, *Growth, Distribution and Prices*, Harvard University Press, Cambridge, Mass., 1984. [4]

Markussen, Ann R., *Profit Cycles, Oligopoly and Regional Development*, The MIT Press, Cambridge, Mass., 1985. [10]

Marshall, Michael, *Long Waves of Regional Development*, The MacMillan Press Ltd., Londres, 1987. [10]

Mass, Nathaniel J., *Economic Cycles: An Analysis of the Underlying Causes*, Wright Allen Press, Cambridge, Mass., 1975. [10]

Mattick, Paul, *Crises et théories des crises*, Champ Libre, París, 1976. [4]

Mc Cracken, Harlan Linneus, *Value Theory and Business Cycles*, MacGraw-Hill and Co., Nueva York, 1936. [1]

Mc Graw K., Thomas, *Regulation in Perspective: Historical Essays*, Division of Research, Harvard University Press, Boston, 1981. [2]

Mensch, Gerhard, *Stalemate in Technology: Innovations Overcome the Depression*, Balinger Publishing Company, Cambridge, Mass., 1979. [10]

Merhav, Meir, *Technological Dependence, Monopoly and Growth*, Pergamon Press, Oxford y Nueva York, 1969. [5]

__________, *Dependencia tecnológica, monopolio y crecimiento*, Editorial Periferia, Buenos Aires, 1972. [6]

Merlin, Sidney D., *The Theory of Fluctuations in Contemporary Economic Thought*, Columbia University Press, Nueva York, 1950. [1]

Michalet, Charles-Albert, *Les firmes multinationales et la nouvelle division internationale du travail*, Bureau International du Travail, Ginebra, 1975. [4]

Mills, Frederick, *Price-Quantity Interactions in Business Cycles*, National Bureau of Economic Research, Nueva York, 1946. [1]

Minian, Isaac, *Progreso técnico e internacionalización del proceso productivo: el caso de la industria maquiladora del tipo electrónica*, Centro de Investigación y Docencia Económicas, México, 1981. [4,7,9]

Moore, Frederick T., *Technological Change and Industrial Development: Issues and Opportunities*, International Bank of Reconstruction and Development, Washington, 1983. [1]

Morris, Bruce R., *Problems of American Economic Growth*, Oxford University Press, Nueva York, 1961. [1]

Nelson, Richard R., *Technology, Economic Growth, and Public Policy*, The Brookings Institution, Washington, 1967. [4]

___________, *Tecnología, crecimiento y bienestar público*, Limusa-Wiley, México, 1969. [7]

___________ y Merton J. Peck, *Technology, Economic Growth and Public Policy*, The MacMillan Company, Londres, 1979. [3]

Noble, David Franklin, *Forces of Production: A Social History of Industrial Automation*, Alfred A. Knopf, Nueva York, 1984. [4]

Nolff C., Max (compilador), *Desarrollo Industrial Latinoamericano*, Lecturas del Trimestre Económico, Fondo de Cultura Económica, México, 1974. [4]

Nurkse, Ragnar, *Problemas de formación de capital en los países insuficientemente desarrollados*, Fondo de Cultura Económica, México, 1955. [4]

__________, *Equilibrium and Growth in the World Economy: Economic Essays*, Harvard University Press, Cambridge, Mass., 1961. [1]

O'Connor, James, *Acumulation Crisis*, Basil Blackwell, Londres, 1984. [4]

Odagiri, Hiroguki, *The Theory of Growth in a Corporate Economy: Management Preference, Research and Development and Economic Growth*, Cambridge University Press, Cambridge, 1981. [3]

OECD, *The Conditions for Success in Technological Innovations*, OECD, París, 1971. [9]

Organización Internacional del Trabajo, *Unemployment and Structural Change*, Organización Internacional del Trabajo, Ginebra, 1962. [8]

__________, *Industrialization and Wages in Japan*, Organización Internacional del Trabajo, Ginebra, 1977. [4]

O'Neiel, Gerard K., *The Technology Edge: Opportunities for America in World Competition*, Simon and Schuster, Nueva York, 1983. [2]

Oppenlander, K. H., *The Impact of Technical and Structural Changes on the Structure and Employment of Manpower*, Colegio Nacional de Economistas, México, 1980. [4]

Pack, Howard y Michael Todaro, *Technological Transfer, Labour Absorption, and Economic Development*, Yale University, Economic Growth Center, New Haven, 1970. [9]

Palma, Armando, *La división capitalista del trabajo*, Pasado y Presente, México, 1980. [3,6]

Palloix, Christian, *Procès de production et crise du capitalisme*, Maspero, París, 1977. [3,6]

Pasinetti, Luigi L., *Structural Change and Economic Growth: A Theoretical Essay on the Dynamics of the Wealth of Nations*, Cambridge University Press, Cambridge, 1981. [1]

Pavitt, Keith (compilador), *Technical Innovation and British Economic Performance*, A Science Policy Research Unit Book, Sussex, The MacMillan Press Ltd., Londres, 1980. [10]

Peterson, Wallance C., *Income, Employment and Economic Growth*, W. W. Norton & Co., Nueva York, 1974. [1,9]

Petit, P. y O. Tahar, *La rélation automatisation-emploi: effet productivité et effet qualité*, CEPREMAP 8520, París, 1985. [10]

Plant, Robert, *Industrias en dificultades: los cambios estructurales y sus concecuencias para el empleo*, Organización Internacional del Trabajo, Ginebra, 1981. [1]

Pyatt, Graham, *Capital, Output and Employment 1948-1960*, Chapman & Hall, Cambridge, 1964. [3]

Readings from Scientific American, *Technology and Economic Development*, Alfred Knopf, Nueva York, 1963. [1]

Robertson, Dennis Holme, *The Control of Industry*, Cambridge University Press, Cambridge, 1963. [4]

Robinson, Joan, *La acumulación de capital*, Fondo de Cultura Económica, México, 1960. [9□

___________, *The Accumulation of Capital*, The MacMillan Company, Londres, 1965. [4]

Roman, Zoltan, *Productivity and Economic Growth*, Akademiai Kiado, Budapest, 1982. [3]

Roos, Charles Frederick, *Dynamics of Economic Growth: The American Economy*, The Econometric Institute, Nueva York, 1957. [1]

Ropke, Wilhelm, *Crises and Cycles*, William Hodge and Co., Londres, 1936. [1]

Rosenberg, Nathan (compilador), *The Economics of Technological Change*, Penguin Books, Harmondsworth, Middlesex, 1971. [5,6]

___________, *Technology and American Economic Growth*, Harper & Row, Nueva York, 1972. [3]

__________, *Perspectives on Technology*, Cambridge University Press, Nueva York, 1976. [2,4]

__________, *Economía del cambio tecnológico*, Fondo de Cultura Económica, México, 1979. [1,3,4,5,9]

__________, *Inside the Black Box: Technology and Economics*, Cambridge University Press, Cambridge, Mass., 1982. [4]

__________ y L. E. Birdzell Jr., *How the West Grew Rich: The Economic Transformation of the Industrial World*, Basic Books, Nueva York, 1986. [10]

Rosenblatt, Samuel M., *Technology and Economic Development: A Realistic Perspective*, Westview Press, Nueva York, 1979. [2]

Rosow, Jerome, *Productivity Prospects for Growth*, Van Nostrand Reinhold, Nueva York, 1981. [2]

Rostow, W. W., *The Stages of Economic Growth*, Cambridge University Press, Cambridge, 1960. [4]

Rothwell, Roy and Zegueld Walter, *Technical Change and Employment*, Frances Pinter, Londres, 1979. [3]

Sábato, Jorge A., *Tecnología y estructura productiva*, Instituto Latinoamericano de Estudios Transnacionales, México, 1979. [9]

Salter, W. E. G., *Productivity and Technical Change*, Cambridge University Press, Cambridge, Inglaterra, 1960. [4]

__________, *Productivity and Technical Change (With an Addendum)*, W. B. Reddaway, Cambridge, 1966. [1,3,5,6]

Scherer, Frederic M., *Innovation and Growth: Schumpeterian Perspectives*, The MIT Press, Cambridge, Mass., 1984. [4]

Schmitz, Hubert, *Technology and Labor Utilisation in Industry*, Institute of Development Studies, University of Sussex, Sussex, Inglaterra, 1984. [10]

Schmookler, Jacob, *Invention and Economic Growth*, Harvard University Press, Cambridge, Mass., 1966. [1,4,6,10]

___________, *Patents, Invention, and Economic Change: Data and Selected Essays*, Harvard University Press, Cambridge, Mass., 1972. [4]

Schon, Donald A., *Technology and Change: The New Heraclitus*, A Symour Lawrence Book, Nueva York, 1967. [4]

Sebastian, Luis de, *Technology and Employment: Some Comments*, Vienna Institute for Development, Viena, 1979. [4]

Seminar on Employment, Income Distribution and Consumption: Long-Term Objectives and Structural Changes, *s. e.*, Francia, 1977. [1]

Sen, Amartya Kumar, *Employment, Technology and Development*, Clarendon Press, Oxford, Inglaterra, 1975. [4]

___________, *Economía del crecimiento*, Fondo de Cultura Económica, México, 1978. [3]

Shepherd, William G., *Causes of Increased Competition in the U. S. Economy, 1939-1980*, Williamstown College, Department of Economics, Williamstown, Mass., 1982. [4]

Sherman, Howard J., *Profits in the United States: An Introduction to a Study of Economic Concentration and Business Cycles*, Cornell University Press, Ithaca, N.Y., 1968. [1,5,6]

Shinohara, Miyohei, *Growth and Cycles in the Japanese Economy*, Kinokuniya Bookstore Co., Tokio, 1962. [1]

___________, *Industrial Growth, Trade, and Dynamic Patterns in the Japanese Economy*, University of Tokyo Press, Tokio, 1982. [9]

Simon, Matthew, *Cyclical Fluctuations and the International Capital Movements of the United States 1865-1897*, Arno, Nueva York, 1978. [3]

Smith, Anthony D. (compilador), *Technological Trends and Employment: Commercial Service Industries.* Gower Publishing, Aldershot, Inglaterra, 1986. [10]

Soete, Luc (compilador), *Technological Trends and Employment: Electronics and Communications*, Gower Publishing, Aldershot, Inglaterra, 1985. [10]

___________ y C. Freeman, *Employment, Unemployment and Technical Change: A Review of the Economic Debate*, SPRU, University of Sussex, mimeo, 1986. [10]

Stark, Oded, *Technological Change and Rural to Urban Migration of Labour: A Microeconomic Causal Relationship in the Context of Less Developed Economies*, s.p.i., 1975. [4]

Steel, William F., *The Intermediate Sector Unemployment and the Employment-Output Conflict: A Multi-Sector Model*, The World Bank, Washington, 1978. [4]

Steindl, Joseph, *Small and Big Business: Economic Problems of the Size of Firms*, Basil Blackwell, Oxford, 1945. [1]

Stewart, Frances, *Technology and Underdevelopment*, The MacMillan Company, Londres, 1978. [5,10]

Stigler, George J., *Trends in Output and Employment*, National Bureau of Economic Research, Nueva York, 1947. [1]

Stoleru, Lionel, *Economic Equilibrium and Growth*, North-Holland, Amsterdam, 1975. [1,9]

Stone, Richard, *Behavioural and Technological Change in Economic Models*, Department of Applied Economics, University of Cambridge, 1969. [4]

Stoneman, Paul, *The Economic Analysis of Technological Change*, Oxford University Press, Oxford, 1983. [10]

Strassmann, W. Paul, *Technological Change and Economic Development: The Manufacturing Experience of Mexico and Puerto Rico*, Cornell University Press, Ithaca, N.Y., 1968. [1,5,6]

Strachey, John, *The Nature of Capitalist Crisis*, Covici-Friede, Nueva York, 1935. [3]

Street, James Harry, *Technological Progress in Latin America: The Prospects for Overcoming Dependency*, Westview Press, Boulder, Colorado, 1979. [4]

Sylos-Labini, Paolo, *Oligopoly and Technical Progress*, Harvard University Press, Cambridge, Mass., 1962. [1]

____________, *Oligopolio y progreso técnico*, Oikos Tau, Barcelona, 1966. [4,5,6]

____________, *The Forces of Economic Growth and Decline*, The MIT Press, Cambridge, 1984. [3,10]

Tangri, Shanti S., *Capital Acumulation and Economic Development*, Heath and Co., Boston, Mass., 1967. [1]

Tavares, Maria da Conceiçao, *Acumulaçao de capital e industrializaçao no Brasil*, tesis (Facultad de Economía y Administración), Río de Janeiro, s.f. [9]

Teixeira, Aloisio, *O movimento da industrializaçao nas economias capitalistas centrais no posguerra*, Universidade Federal do Rio de Janeiro, Río de Janeiro, 1983. [4]

Temin, Peter, *Causal Factors in American Economic Growth in the Nineteenth Century*, The MacMillan Company, Londres, 1975. [1]

Thwaites, A. T. y R. P. Oakey (compiladores), *The Regional Impact of Technological Change*, Frances Pinter, Londres, 1985. [10]

Tinbergen, Jan y J. J Polak, *Dinámica del ciclo económico: estudio de las fluctuaciones económicas*, Fondo de Cultura Económica, México, 1956. [1,7]

Trajtenberg, Raul, *Transnacionales y fuerza de trabajo en la periferia: tendencias recientes en la internacionalización de la producción*, Instituto Latinoamericano de Estudios Transnacionales, México, 1978. [4]

Trejo Reyes, Saúl, *Industrialización y empleo en México*, Fondo de Cultura Económica, México, 1973. [4]

Tsiang, Sho-Chieh, *The Variations of Real Wages and Profit Margins in Relation to the Trade Cycle*, Issac Pitman & Sons, Londres, 1947. [1]

U.S. Congress, Joint Economic Committee, *Special Study on Economic Change. Research and Innovation: Developing a Dynamic Nation*, U.S. Government Printing Office, Washington, D. C., 1980. [3]

___________, Office of Technology Assessment, *U.S. Industrial Competitiveness: A Comparison of Steel, Electronics and Automobiles*, United States Government Printing Office, Washington, D.C., 1981. [2]

U.S. Bureau of Labor Statistics, *Technological Trends in Major American Industries*, National Bureau of Economic Research, Princeton University Press, Princeton, N.J., 1962. [5]

Universities-National Bureau Committee for Economic Research, *Capital Formation and Economic Growth: A Conference*, National Bureau of Economic Research, Nueva York, 1955. [4]

Volcker, Paul A., *The Rediscovery of the Business Cycle*, Free Press, Nueva York, 1978. [3]

Vries, Barend A. de, *Industrialization and Employment: The Role of Small and Medium Sized Manufacturing Firms*, The World Bank, Washington, D.C.. [4]

Weckstein, Richard S., *Expansion of World Trade and the Growth of National Economies*, Harper & Row, Nueva York, 1968. [3]

Whalley, Peter, *The Social Production of Technical Work*, MacMillan Press, Londres, 1986. [10]

Williams, Bruce Rodda, *Technology, Investment and Growth*, Chapman and Hall, Londres, 1967. [1,4]

___________, *Science and Technology in Economic Growth. Proceedings of a Conference Held by the International Economic Association at Saint Anthony*, The MacMillan Company, Nueva York, 1973. [4]

Willman, Paul, *Technological Change, Collective Bargaining and Industrial Efficiency*, Clarendon Press, Oxford, 1986. [10]

Willox, Paul, *The Capital Crisis and Labour: Perspectives on the Dynamics of Working-Class Consciousness in Canada*, s.p.i., 1980. [4]

Wolff, Edward N., *Growth, Accumulation and Unproductive Activity. An Analysis of the Postwar U.S. Economy*, Cambridge University Press, Cambridge, 1987. [10]

Wood, John C. (compilador), *David Ricardo. Critical Assesments* (4 volúmenes), Croom Helm, Londres y Sidney, 1985. [10]

Woodbury, David Oakes, *Alcances de la automación*, La Isla, Buenos Aires, 1959. [7]

Worcester, Dean Amory, *Monopoly, Big Business, and Welfare in the Postwar United States*, University of Washington, Seattle, Wash., 1967. [1,4]

Zarnowitz, Victor, *Orders, Production, and Investment: A Cyclical and Structural Analysis*, National Bureau of Economic Research, Columbia University Press, Nueva York, 1973. [1,4]

Zweig, Ferdynand, *Economics and Technology*, P.S. King and Son, Londres, 1936. [1]

Zysman, John, *American Industry in International Competition: Government Policies and Corporate Strategies*, Cornell University Press, Ithaca, N.Y., 1983. [2]

___________, *Government, Markets, and Growth: Financial Systems and the Politics of Industrial Change*, Cornell University Press, Ithaca, N.Y., 1983. [2]

# PUBLICACIONES PERIÓDICAS


Abernathy, William J. y Kim B. Clark, "Innovation: Mapping the Winds of Creative Destruction", *Research Policy*, vol. 14, núm. 1, 1985.

Abramovitz, M., "Welfare Quandaries and Productivity Concerns", *The American Economic Review*, vol. 71, p. 1, 1981.

Aglietta, Michel, "Phases of U.S. Capitalist Expansion", *New Left Review*, núm. 110, p. 17, 1978.

Alic, J. A., "Employment and Job Creation Impacts of High Technology", *Futures*, vol. 18, núm. 4, 1986.

Anisi, David y Marta Bermejo, "Cambio técnico y formas de vida", *El Trimestre Economico*, vol. 53 (1), núm. 209, p. 59, 1986.

Ayres, Robert U., "A Schumpeterian Model of Technological Substitution", *Technological Forecasting and Social Change*, vol. 27, núm. 4, 1985.

Baily, M. M., "Dynamic Monopsony and Structural Change", *The American Economic Review*, vol. 65, p. 338, 1975.

____________, "The Productivity Growth Slowdown and Capital Accumulation", *The American Economic Review*, vol. 71, p. 326, 1981.

Barkai, Haim, "Ricardo's Volte Face on Machinery", *Journal of Political Economy*, vol. 94, núm. 3, p. 595, 1986.

Basualdo, Eduardo, "Tendencia de la transnacionalización en América Latina durante el decenio de los setenta", *Comercio Exterior*, vol. 32, p. 754, 1982.

Baumol, W. J., A. S. Blackman y E. N. Wolff, "Unbalanced Growth Revisited: Asymptotic Stagnancy and New Evidence", *The American Economic Review*, vol. 75, p. 806, 1985.

Bernanke, Ben S., "Irreversibility, Uncertainty, and Cyclical Investment", *The Quarterly Journal of Economics*, vol. 98, p. 85, 1983.

Bigman, David, "Technical Change, Distributive Shares, and Aggregation", *Oxford Economic Papers*, vol. 30, núm. 3, 1978.

Blin, Jean-Marie y Claude Cohen, "Technological Similarity and Aggregation in Input-Output Systems: A Cluster-Analytic Approach", *The Review of Economics and Statistics*, vol. 59, p. 82, 1977.

Bloch, Ed, "Trade and Unemployment", *Monthly Review*, vol. 35, núm. 5, 1984.

Bodger, P. S., S. P. Moutter y P. T. Gouth, "Spectral Estimation and Time-Series Extrapolation of Prime Indicators of Society", *Technological Forecasting and Social Change*, vol. 29, núm. 4, 1986.

Bonen, Z., "Evolutionary Behavior of Complex Sociotechnical Systems", *Research Policy*, vol. 10, núm. 1, 1981.

Bowles, Samuel, David Gordon y Thomas E. Weisskopf, "Two Views of Capitalist Stagnation: Underconsumption and Challenges to Capitalist Control", *Science & Society*, vol. 49, p. 259, 1985-86.

Brander, J. A. y B. J. Spencer, "Strategic Commitment with R & D: the Symmetric Case", *The Rand Journal of Economics*, vol. 14, núm. 1, 1983.

Bullard, Clark W. III y Anthony V. Sebald, "Effects of Parametric Uncertainty and Technological Change on Input-Output Models", *The Review of Economics and Statistics*, vol. 59, p. 75, 1977.

Businaro, Ugo, "Biological Evolution and Technological Innovation", *Futures*, vol. 15, núm. 6, 1983.

Carnoy, Martin, "Efectos de las técnicas más avanzadas en los mercados internacionales del trabajo", *Revista Internacional del Trabajo*, vol. 105, p.p. 1-33, 1986.

Caves, Richard E., Michael Fortunato y Pankaj Ghemawat, "The Decline of Dominant Firms 1905-1929", *The Quarterly Journal of Economics*, vol. 99, p. 523, 1984.

Clark, K. P., "Inflation and the Productivity Decline", *The American Economic Review*, vol. 72, p. 149, 1982.

Coombs, Rod, "Labour and Monopoly Capital", *New Left Review*, núm. 107, p. 79, 1978.

__________, "Innovation, Automation and the Long-Wave Theory", *Futures*, vol. 13, núm. 5, 1981.

Corden, W. M. y J. P. Neary, "Booming Sector and De-Industrialisation in a Small Economy", *The Economic Journal*, vol. 92, p. 825, 1982, 1976.

Chakrabarti, Alok K., "Reindustrialization of the United States: Three Perspectives on Organizational Adaptation", *The Quarterly Review of Economics and Business*, vol. 24, núm. 2, 1986.

Chinitz, B., "The Regional Transformation of the American Economy", *The American Economic Review*, vol. 76, p. 300, 1986.

Christiansen, J., "Marx and the Falling Rate of Profit", *The American Economic Review*, vol. 66, p. 20, 1976.

Dansby, E. R. y R. D. Willig, "Industry Performance Gradient Indexes", *The American Economic Review*, vol. 69, p. 249, 1979.

Darity Jr. A. W., "The Symple Analytics of Neo-Ricardian Growth and Distribution", *The American Economic Review*, vol. 71, p. 978, 1981.

Day, Richard H., "The Emergence of Chaos from Classical Economic Growth", *The Quarterly Journal of Economics*, vol. 98, p. 201, 1983.

De Bernis, Gerard, "Equilibrio y regulación: una hipótesis alternativa y proposiciones de análisis", *Investigación Económica*, vol. 37, núm. 144, 1978.

Denison, F. E., "The Contribution of Capital to Economic Growth", *The American Economic Review*, vol. 70, p. 220, 1980.

Devine, James N., "Empirical Studies in Marxian Crisis Theory: Introduction", *Review of Radical Political Economics*, vol. 18, p. 1, 1986.

Dixit, Avinash, "The Accumulation of Capital Theory", *Oxford Economic Papers*, vol. 29, núm. 1, 1977.

Dollar, D., "Technological Innovation, Capital Mobility, and the Product Cycle in North-South Trade", *The American Economic Review*, vol. 76, p. 177, 1986.

Domowitz, I., R. G. Hubbard y B.C. Petersen, "Business Cycles and the Relationship between Concentration and Price-Cost Margins", *The Rand Journal of Economics*, vol. 17, núm. 1, 1986.

Dosi, G., "Technological Paradigms and Technological Trajectories: A Suggested Interpretation of the Determinants and Directions of Technical Change", *Research Policy*, vol. 11, núm. 3, 1982.

Du Boff, Richard, "Unemployment in The United States: A Historical Summary", *Monthly Review*, vol. 29, núm. 6, 1977.

Ekelund, Robert B. y R. S. Higgins, "Capital Fixity, Innovations, and Long Term Contracting: An Inter-Temporal Economic Theory", *The American Economic Review*, vol. 72, p. 32, 1982.

———— y William F. Kordsmeier, "J. S. Mill, Unions, and the Wages Fund Recantation: A Reinterpretation-Comment", *The Quarterly Journal of Economics*, vol. 96, p. 531, 1981.

Elliott, John E., "Marx and Schumpeter on Capitalism's Creative Destruction: A Comparative Restatement", *The Quarterly Journal of Economics*, vol. 95, p. 45, 1980.

__________, "Schumpeter and Marx on Capitalist Transformation: Reply", *The Quarterly Journal of Economics*, vol. 98, p. 333, 1983.

Englmann, Frank C., "Passinetti on the Choice of Technique: A Note", *Cambridge Journal of Economics*, vol. 9, p. 85, 1985.

Ewijk, Casper van, "A Spectral Analysis of the Kondratieff-Cycle", *Kyklos*, vol. 35, p. 468, 1982.

Fajnzylber, Fernando, "La empresa internacional en la industrialización de América Latina", *Comercio Exterior*, vol. 30, p. 1363, 1980.

Fakiolas, Tassos, "The USSR in the International Division of Labour", *Futures*, vol. 17, núm. 4, 1985.

Feeley, Diane, "Unemployment Grows, A New Movement Stirs", *Monthly Review*, vol. 35, núm. 7, 1984.

Findlay, Ronald, "Relative Backwardness, Direct Foreign Investment, and the Transfer of Technology: A Simple Dynamic Model", *The Quarterly Journal of Economics*, vol. 92, p. 1, 1978.

Fisher, Franklin M. y Peter Temin, "The Schumpeterian Hypothesis: Reply", *Journal of Political Economy*, vol. 87, p. 386, 1979.

Flaherty, T. M., "Field Research on the Link Between Technological Innovation and Growth: Evidence from the International Semiconductor Industry", *The American Economic Review*, vol. 74, p. 67, 1984.

Foster, John Bellamy, "Theories of Capitalist Transformation: Critical Notes on the Comparison of Marx and Schumpeter: Comment", *The Quarterly Journal of Economics*, vol. 98, p. 327, 1983.

Frank, Robert H., "How Long is a Spell of Unemployment?", *Econometrica*, vol. 46, p. 285, 1978.

Franke, Richard H., "Technological Revolution and Productivity Decline: Computer Introduction in the Financial Industry", *Technological Forecasting and Social Change*, vol. 31, núm. 2, 1987.

Freeman, Christopher (compilador), "Technical Innovation and Long Waves in World Economic Development", *Futures*, vol. 13, núm. 4, edición extraordinaria, 1981.

____________, "Technological Change and Long Waves: Prometheus Unbound", *Futures*, vol. 16, núm. 5, 1984.

Fujii G., Gerardo, "Dinámica del producto agrícola y patrones tecnológicos de la agricultura mexicana en el periodo 1950-1980", *Investigación Económica*, vol. 45, núm. 177, p. 43.

Godet, Michel, "Crisis and Opportunity: From Technological to Social Change", *Futures*, vol. 15, núm. 4, 1983.

____________, "Overcoming Inflexibility Unemployment", *Futures*, vol. 17, núm. 1, 1985.

Gomulka, S., "Soviet Growth Slowdown: Duality, Maturity, and Innovation", *The American Economic Review*, vol. 76, p. 170, 1986.

Gordon, Kenneth, "Hicks and Hollander on Ricardo: A Mathematical Note", *The Quarterly Journal of Economics*, vol. 98, p. 721, 1983.

Gordon, M. D., "Capital-Labor Conflict and the Productivity Slowdown", *The American Economic Review*, vol. 71, p. 30, 1981.

Griliches, Z., "R & D and the Productivity Slowdown", *The American Economic Review*, vol. 70, p. 343, 1980.

____________ y Frank Lichtenberg, "Interindustry Technological Flows and Productivity Growth: A Reexamination", *The Review of Economics and Statistics*, vol. 66, núm. 2, 1984.

Gurley, John G., "Unemployment and Inflation", *Monthly Review*, vol. 29, núm. 6, 1978.

Gurrieri, Adolfo, "El progreso técnico y sus frutos. La idea de desarrollo en la obra de Raúl Prebisch", *Comercio Exterior*, vol. 31, p. 1350, 1981.

Gutiérrez, Roberto, "La recesión económica mundial de los años setenta y ochenta en el marco de las oscilaciones del ciclo Kondratieff", *Investigación Económica*, vol. 45, núm. 176, p. 81, 1986.

Hafer, R. W. y E. G. West, "J. S. Mill, Unions, and the Wages Fund Recantation: A Reinterpretation", *The Quarterly Journal of Economics*, vol. 92, p. 601, 1978.

____________, "J. S. Mill, Unions, and the Wages Fund Recantation: A Reinterpretation-Reply", *The Quarterly Journal of Economics*, vol. 96, p. 543, 1981.

Harris, D. J., "Accumulation of Capital and the Rate of Profit in Marxian Theory", *Cambridge Journal of Economics*, vol. 7, p. 311, 1983.

Hicks, Sir John y Samuel Hollander, "Mr. Ricardo and the Moderns", *The Quarterly Journal of Economics*, vol. 91, p. 351, 1977.

Hill, L. W. C., "Conglomerate Performance Over the Economic Cycle", *The Journal of Industrial Economics*, vol. 32, núm. 2, 1983.

Hollander, Samuel, "'Dynamic Equilibrium' with Constant Wages: J. S. Mill's Malthusian Analysis of the Secular Wage Path", *Kyklos*, vol. 37, p. 247, 1984.

Howell, David R., "The Future Employment Impacts of Industrial Robots: An Input-Output Approach", *Technological Forecasting and Social Change*, vol. 28, núm. 4, 1985.

Jovanovic, Boyan, "Selection and the Evolution of Industry", *Econometrica*, vol. 50, p. 649, 1982.

Julien, Pierre-André y Christian Lafrance, "Towards the Formalization of 'Small is Beautiful': Societal Effectiveness versus Economic Efficiency", *Futures*, vol. 15, núm. 3, 1983.

Kenney, Martin, "Schumpeterian Innovation and Entrepreneurs in Capitalism: A Case Study of U.S. Biotechnology Industry", *Research Policy*, vol. 15, núm. 1, 1986.

Kim, L., "Stages of Development of Industrial Technology in a Developing Country: A Model", *Research Policy*, núm. 9, p. 254, 1980.

Kleinknecht, A., "Prosperity, Crisis and Innovation Patterns", *Cambridge Journal of Economics*, vol. 8, p. 251, 1984.

Koizumi, T. y K. J. Kopecki, "Economic Growth, Capital Movements and the International Transfer of Technical Knowledge", *Journal of International Economics*, vol. 7, p. 45, 1977.

Kuzmin, S. A., "Un enfoque integrado de desarrollo y empleo", *Revista Internacional del Trabajo*, vol. 95, p. 347, 1978.

Kuznets, S., "Two Centuries of Economic Growth: Reflections on the U.S. Experience", *The American Economic Review*, vol. 67, p. 1, 1977.

Kwasnicka, Halina y Witold Kwasnicki, "Diversity and Development: Tempo and Mode of Evolutionary Processes", *Technological Forecasting and Social Change*, vol. 30, núm. 3, 1986.

Laibman, D., "Toward a Marxian Model of Economic Growth", *The American Economic Review*, vol. 67, p. 387, 1977.

____________, "Two-Sector Growth with Endogenous Technical Change: A Marxian Simulation Model", *The Quarterly Journal of Economics*, vol. 96, p. 47, 1981.

Laitner, J., "Monopoly and Long-Run Capital Accumulation", *The Rand Journal of Economics*, vol. 13, núm. 1, 1982.

Laszlo, Ervin, "Technology and Social Change: An Approach from Nonequilibrium Systems Theory", *Technological Forecasting and Social Change*, vol. 29, núm. 3, 1986.

Lazonick, W., "Industrial Relations and Technological Change: The Case of the Self-acting Mule", *Cambridge Journal of Economics*, vol. 3, p. 231, 1979.

Levy, D. M. y N. E. Terleckyj, "Effects of Government R & D on Private R & D Investment and Productivity: A Macroeconomic Analysis", *The Rand Journal of Economics*, vol. 14, núm. 2, 1983.

Liff, Sonia, "Monitoring Technical Change and Employment", *Futures*, vol. 15, núm. 5, 1983.

Lipietz, Alain, "Towards Global Fordism?", *New Left Review*, núm. 132, p. 33, 1982.

__________, "Behind the Crisis: The Exhaustion of a Regime of Accumulation", *Review of Radical Political Economics*, vol. 18, p. 13, 1986.

Madeuf, Bernadette, "International Technology Transfers and International Technology Payments: Definitions, Measurement and Firms' Behavior", *Research Policy*, vol. 13, núm. 3, 1984.

Mainwaring, L., "Monopoly Power, Income Distribution and Price Determination", *Kyklos*, vol. 30, p. 674, 1977.

Malecki, E. J., "Science, Technology, and Regional Economic Development: Review and Prospects", *Research Policy*, vol. 10, núm. 4, 1981.

Mandeville, Thomas, "Spatial Effects of Information Technology", *Futures*, vol. 15, núm. 1, 1983.

Mansfield, E., "Basic Research and Productivity Increase in Manufacturing", *The American Economic Review*, vol. 70, p. 863, 1980.

__________, "Long Waves and Technological Innovation", *The American Economic Review*, vol. 73, p. 141, 1983.

__________, A. Romeo y Lorne Switzer, "R & D Price Indexes and Real R & D Expenditures in the United States", *Research Policy*, vol. 12, núm. 2, 1983.

Marchetti, Cesare, "Environmental Problems and Technological Opportunities", *Technological Forecasting and Social Change*, vol. 30, núm. 1, 1986.

__________, "Fifty-Year Pulsation in Human Affairs: Analysis of Some Physical Indicators", *Futures*, vol. 18, núm. 3, 1986.

Marginson, Paul, "The Multidivisional Firm and Control Over the Work Process", *International Journal of Industrial Organization*, vol. 3, núm. 1, 1985.

Martínez, Oswaldo, "Industrialización y redespliegue industrial", *Comercio Exterior*, vol. 30, p. 881, 1980.

Mayo, John W., "The Technological Determinants of the U.S. Energy Industry Structure", *The Review of Economics and Statistics*, vol. 66, p. 51, 1984.

McDonald, Ian M., "Market Power and Unemployment", *International Journal of Industrial Organization*, vol. 3, núm. 1, 1985.

Mechling, George W., "Long-Term Technological Development in Commercial Aircraft", *Technological Forecasting and Social Change*, vol. 30, núm. 2, 1986.

Menshikov S. M., "Las crisis cíclicas y la inflación en los países capitalistas y perspectivas de la economía de los estados en desarrollo", *Investigación Económica*, vol. 40, núm. 156, 1981.

Miles, Ian, "Work and Nonwork", *Futures*, vol. 15, núm. 6, 1983.

__________, "The New Post-Industrial State", *Futures*, vol. 17, núm. 6, 1985.

Moseley, Fred, "The Rate of Surplus Value in the Postwar U.S. Economy: A Critique of Weisskopf's Estimates", *Cambridge Journal of Economics*, vol. 9, p. 57, 1985.

Moss, Scott, "Investment and Innovation over the Long Wave", *Research Policy*, vol. 15, núm. 4, 1986.

Mueller, C. D., "Redistribution, Growth, and Political Stability", *The American Economic Review*, vol. 72, p. 155, 1982.

Mungaray, Alejandro, "Automatización y restructuración competitiva del capitalismo norteamericano: una aproximación", *Investigacion Economica* , vol. 43, núm. 168, 1984.

Nadiri, I. M. y A. M. Schankerman, "Technical Change, Returns to Scale, and the Productivity Slowdown", *The American Economic Review*, vol. 71, p. 314, 1981.

Nakicenovic, Nebojsa, "The Automobile Road to Technological Change. Diffusion of the Automobile as a Process of Technological Substitution", *Technological Forecasting and Social Change*, vol. 29, núm. 4, 1986.

Nelson, Richard R., "Production Sets, Technological Knowledge, and R & D: Fragile and Overworked Constructs for Analysis of Productivity", *The American Economic Review*, vol. 70, p. 62, 1980.

___________, "Research on Productivity Growth and Productivity Differences: Dead Ends and New Departures", *The Journal of Economic Literature*, vol. 19, p. 1029, 1981.

___________ y G. S. Winter, "Theory from an Evolutionary Perspective: The Differential Productivity Puzzle", *The American Economic Review*, vol. 65, p. 338, 1975.

___________ y G. S. Winter, "The Schumpeterian Tradeoff Revisited", *The American Economic Review*, vol. 72, p. 114, 1982.

___________, Sidney G. Winter y Herbert L. Schuette, "Technical Change in a Evolutionary Model", *The Quarterly Journal of Economics*, vol. 90, p. 90, 1976.

North, Douglas C., "Structure and Performance: The Task of Economic History", *The Journal of Economic Literature*, vol. 16, p. 963, 1978.

O'Connell, Stephen A. y Lance Taylor, "A Minsky Crisis", *The Quarterly Journal of Economics*, vol. 100, p. 871, 1985.

Olson, M., "Stagflation and the Political Economy of the Decline in Productivity", *The American Economic Review*, vol. 72, p. 143, 1982.

ONUDI, "Reestructuración y redespliegue de la industria en el mundo", *Comercio Exterior*, vol. 34, p. 1238, 1984.

__________, "La capacidad tecnológica y la industrialización", *Comercio Exterior*, vol. 34, p. 1247, 1984.

Onuf, Nicholas, "Prometheus Prostrate", *Futures*, vol. 16, núm. 1, 1984.

Padilla Aragón, Enrique, "Los ciclos económicos en México", *Investigación Económica*, vol. 45, núm. 177, p. 335, 1986.

Pakes, Ariel, "On Patents, R & D, and the Stock Market Rate of Return", *Journal of Political Economy*, vol. 93, p. 390, 1985.

Palda, Kristian S., "Technological Intensity: Concept and Measurement", *Research Policy*, vol. 15, núm. 4, 1986.

Pasinetti, L., "The Accumulation of Capital", *Cambridge Journal of Economics*, vol. 7, p. 405, 1983.

Pavitt, Keith, "Sectoral Patterns of Technical Change: Towards a Taxonomy and a Theory", *Research Policy*, vol. 13, núm. 6, 1984.

Peck, M. J. y A. Goto, "Technology and Economic Growth: The Case of Japan", *Research Policy*, vol. 10, núm. 3, 1981.

Peet, Richard, "Class Struggle, the Relocation of Employment, and Economic Crisis", *Science & Society*, vol. 48, p. 38, 1985.

Pejovich, Steve, "Karl Marx, Property Rights School and the Process of Social Change", *Kyklos*, vol. 35, p. 383, 1982.

Pérez, Carlota, "Structural Change and Assimilation of New Technologies in the Economic and Social Systems", *Futures*, vol. 15, núm. 5, 1983.

Piatier, André, "Innovation, Information, and Long-Term Growth", *Futures*, vol. 13, núm. 5, 1981.

Piekarz, R., "R & D and Productivity Growth: Policy Studies and Issues", *The American Economic Review*, vol. 73, p. 210, 1983.

Pikkarainen, Pentti y Matti Viren, "New Evidence on Long Swings", *Kyklos*, vol. 39, p. 596, 1986.

Pipitone, Ugo, "Monopolios y clase obrera", *Investigación Económica*, vol. 34, núm. 136, 1975.

Qualls, David P., "Cyclical Wage Flexibility, Inflation, and Industrial Structure: An Alternative View and Some Empirical Evidence", *The Journal of Industrial Economics*, vol. 29, núm. 3, 1981.

Ramanathan, R., "The Elasticity of Substitution and the Speed of Convergence in Growth Models", *The Economic Journal*, vol. 85, p. 612, 1975.

Ramesh, Mishra, "Technology and Social Structure in Marx's Theory: An Exploratory Analysis", *Science & Society*, vol. 43, p. 132, 1979.

Ramírez de la O, Rogelio, "Medición del comercio intraindustrial entre México y Estados Unidos", *Comercio Exterior*, vol. 28, p. 1243, 1978.

Reati, Angelo, "The Rate of Profit and the Organic Composition of Capital in West German Industry from 1960 to 1981", *Review of Radical Political Economics*, vol. 18, p. 56, 1986.

Reynolds, Lloyd G., "The Spread of Economic Growth to the Third World: 1850-1980", *The Journal of Economic Literature*, vol. 21, p. 941, 1983.

Reynolds, Morgan O., "Trade Unions in the Production Process Reconsidered", *Journal of Political Economy*, vol. 94, núm. 2, p. 443, 1986.

Rodríguez, Carlos Alfredo, "Trade in Technological Knowledge and the National Advantage", *Journal of Political Economy*, vol. 83, p. 121, 1975.

__________, "A Comment on Fisher and Temin on the Schumpeterian Hypothesis", *Journal of Political Economy*, vol. 87, p. 383, 1979.

Roemer, John E., "Technical Change and the 'Tendency of the Rate of Profit to Fall'", *Journal of Economic Theory*, vol. 16, p. 403, 1977.

__________, "Continuing Controversy on the Falling Rate of Profit: Fixed Capital and Other Issues", *Cambridge Journal of Economics*, vol. 3, p. 379, 1979.

Romer, Paul M., "Increasing Returns and Long-Run Growth", *Journal of Political Economy*, vol. 94, núm. 5, p. 1002, 1986.

Roon, Gerrit van, "Historians and Long Waves", *Futures*, vol. 13, núm. 5, 1981.

Rosenberg, N., "American Technology: Imported or Indigenous?", *The American Economic Review*, vol. 67, p. 21, 1977.

__________, "On Technological Expectations", *The Economic Journal*, vol. 86, p. 523, 1976.

__________ y R. C. Frischtak, "Long Waves and Economic Growth: A Critical Appraisal", *The American Economic Review*, vol. 73, p. 146, 1983.

Rotemberg, Julio J., "Intertemporal Substitution in Macroeconomics", *The Quarterly Journal of Economics*, vol. 100, p. 225, 1985.

Rozo, A. Carlos y David Barkin, "La tecnología y la acumulación", *Investigación Económica*, vol. 44, núm. 173, 1985.

Rumberger, Russell W. y Henry M. Levin, "Forecasting the Impact of New Technologies on the Future Job Market", *Technological Forecasting and Social Change*, vol. 27, núm. 4, 1985.

Sahal, D., "Alternative Conceptions of Technology", *Research Policy*, vol. 10, núm. 1, 1981.

___________, "The Farm Tractor and the Nature of Technological Innovation", *Research Policy*, vol. 10, núm. 4, 1981.

___________, "Foundations of Technometrics", *Technological Forecasting and Social Change*, vol. 27, núm. 1, 1985.

___________, "Technological Guideposts and Innovation Avenues", *Research Policy*, vol. 14, núm. 2, 1985.

Salama, Pierre, "Estado e internacionalización de la tecnología. Notas metodológicas", *Comercio Exterior*, vol. 31, p. 554, 1981.

Salant, Walter S., "The American Economy in Transition: A Review Article", *The Journal of Economic Literature*, vol. 20, p. 464, 1982.

Sampson, A. A. y R. Sedgwick, "Wages, Prices, and Employment in General Disequilibrium", *Oxford Economic Papers*, vol. 29, núm. 1, 1977.

Sato, Ryuzo y Rama Ramachandran, "Measuring the Impact of Technical Progress on the Demand for Intermediate Goods: A Survey", *The Journal of Economic Literature*, vol. 18, p. 1003, 1980.

Saviotti, P. P. y J. S. Metcalfe, "A Theoretical Approach to the Construction of Technological Output Indicators", *Research Policy*, vol. 13, núm. 3, 1984.

Sawyer, C. Malcolm, "Collective Bargaining, Oligopoly and Macro-Economics", *Oxford Economic Papers*, vol. 34, núm. 3, 1982.

Saxonhouse, Gary R., "Capital Accumulation, Labor Saving, and Absorption Once More, Once More", *The Quarterly Journal of Economics*, vol. 89, p. 322, 1975.

Scherer, M. F., "Demand-Pull and Technological Invention: Schmookler Revisited ", *The Journal of Industrial Economics*, vol. 30, núm. 3, 1982.

___________, "Inter-Industry Technology Flows in the United States", *Research Policy*, vol. 11, núm. 4, 1982.

___________, "R & D and Declining Productivity Growth", *The American Economic Review*, vol. 73, p. 215, 1983.

Schmenner, Roger W., "Choosing New Industrial Capacity: On-Sit Expansion, Branching, and Relocation", *The Quarterly Journal of Economics*, vol. 95, p. 103, 1980.

Schuler, Richard E., "The Long Run Limits to Growth: Renewable Resources, Endogenous Population, and Technological Change", *Journal of Economic Theory*, vol. 21, p. 166, 1979.

Sen, Amartya, "Empleo, instituciones y tecnología: Algunos problemas de política", *Revista Internacional del Trabajo*, vol. 92, p. 51, 1975.

Shaik, Anwar, "La actual crisis económica mundial: causas e implicaciones", *Investigación Económica*, vol. 42, núm. 165, 1983.

Sherman, H. J., "A Marxist Theory of Business Cycle", *Review of Radical Political Economics*, vol. 11, núm. 1, 1976.

___________, "Changes in the Character of the U.S. Business Cycle", *Review of Radical Political Economics*, vol. 18, núm. 1 y 2, p. 190, 1986.

Schumann, Gunda, "Social Impact of Advanced Computer Technology", *Futures*, vol. 16, núm. 3, 1984.

Simmie, James, "Kondratiev Waves and the Future of British Cities", *Futures*, vol. 18, núm. 6, 1986.

Smith, V. K., "The Implications of Regulation for Induced Technical Change", *The Rand Journal of Economics*, vol. 5, núm. 2, 1974.

__________, "The Implications of Regulation for Induced Technical Change: Reply", *Rand Journal of Economics*, vol. 6, núm. 2, 1975.

Sokoloff, Kenneth y Claudia Goldin, "The Relative Productivity Hypothesis and Industrialization: The American Case, 1820 to 1850", *The Quarterly Journal of Economics*, vol. 99, p. 461, 1984.

Steedman, Ian, "Robots and Capitalism", *New Left Review*, núm. 151, p. 125, 1985.

Steindl, Josef, "Algunos comentarios sobre las tres versiones de la teoría de los ciclos económicos de Kalecki", *Investigación Económica*, vol. 42, núm. 166, 1983.

__________, "Problemas estructurales en la crisis actual", *Investigación Económica*, vol. 45, núm. 176, p. 11, 1986.

Sterman, John D., "Integrated Theory of the Integrated Long Wave", *Futures*, vol. 17, núm. 2, 1985.

Stone, Richard, "Whittling Away at the Residual: Some Thoughts on Denison's Growth Accounting: A Review Article", *The Journal of Economic Literature*, vol. 18, p. 1539, 1980.

Stoneman, P., "The Effect of Computers on the Demand for Labour in the United Kingdom", *The Economic Journal*, vol. 85, p. 590, 1975.

Sveikauskas, L., "Science and Technology in the United States Foreign Trade", *The Economic Journal*, vol. 93, p. 542, 1983.

Svidén, Ove, "Automobile Usage in a Future Information Society", *Futures*, vol. 15, núm. 6, 1983.

Szymanski, A., "Productivity Growth and Capitalist Stagnation", *Science & Society*, vol. 48, p. 295.

Tavares de Araujo, José, "Los mercados disputables y la competencia schumpeteriana en las economías de industrialización reciente", *El Trimestre Económico*, vol. 53 (3), núm. 211, p. 505, 1986.

Teitel, S., "Towards an Understanding of Technical Change in Semi-Industrialized Countries", *Research Policy*, vol. 10, núm. 2, 1981.

Thompson, E. A y R. L. Faith, "A Pure Theory of Strategic Behavior and Social Institutions", *The American Economic Review*, vol. 71, p. 366, 1981.

Tobin, J., "Keynesian Models of Recession and Depression", *The American Economic Review*, vol. 65, p. 195, 1975.

Turvey, Ralph, "Cambio y desempleo estructurales", *Revista Internacional del Trabajo* , vol. 96, p. 251 , 1977.

Venables, J. Anthony, "The Economic Implications of a Discrete Technical Change", *Oxford Economic Papers* , vol. 37, núm. 2, 1985.

Walker, Richard A., "Is There a Service Economy? The Changing Capitalist Division of Labor", *Science & Society* , vol. 49, p. 42, 1986.

Waterson, Michael y Paul Stoneman, "Employment, Technological Diffusion and Oligopoly", *International Journal of Industrial Organization*, vol. 3, núm. 3, 1985.

Weeks, John, "A Note on the Underconsumptionist Theory and the Labor Theory of Value", *Science & Society* , vol. 46, p. 60, 1983.

____________, "The Sphere of Production and the Analysis of Crisis in Capitalist Science & Society", vol. 41, p. 281, 1977-78.

Weisskopf, T. E., "Marxian Crisis Theory and the Rate of Profit in the Postwar U.S. Economy", *Cambridge Journal of Economics* , vol. 3, p. 341, 1979.

____________, "The Rate of Surplus Value in the Postwar US Economy: A Response to Moseley's Critique", *Cambridge Journal of Economics* , vol. 9, p. 81, 1985.

Whatley, Warren C., "A History of Mechanization in the Cotton South: The Institutional Hypothesis", *The Quarterly Journal of Economics*, vol. 100, p. 1191, 1985.

Wilson, Charles A, "On the General Structure of Ricardian Models with a Continuum of Goods: Applications to Growth, Tariff Theory, and Technical Change", *Econometrica* , vol. 48, p. 1675, 1980.

Wolff, R. D., "Marxian Crisis Theory: Structure and Implications", *Review of Radical Political Economics*, vol. 10, núm. 1, 1976.

Wright, Gavin, "Cheap Labor and Southern Textiles 1880-1930", *The Quarterly Journal of Economics*, vol. 96, p. 605, 1981.

Wyk, Rias J. van, "The Notion of Technological Limits", *Futures*, vol. 17, núm. 3, 1985.

Zarnowitz, Victor, "Recent Work on Business Cycles in Historical Perspective: A Review of Theories and Evidence", *The Journal of Economic Literature* , vol. 23, p. 523, 1985.

Zimbalist, Andrew, "The Degradation of Computer Work: A Review", *Monthly Review* , vol. 32, núm. 5, 1981.

Este facsimilar de
*Bibliografía sobre el análisis económico del cambio técnico*
es propiedad de El Colegio de México
y se terminó de imprimir en Librántida bajo el modelo de distribución bajo demanda.
www.librantida.com

Made in United States
Troutdale, OR
11/03/2026

56847552R00132